Cuadernos de lógica, epistemología y lenguaje

Volumen 10

Innovación en el Saber Teórico y Práctico

Volumen 1
Gottlob Frege. Una introducción
Markus Stepanians. Traducción de Juan Redmond

Volumen 2
Razonamiento abductivo en lógica clásica
Fernando Soler Toscano

Volumen 3
Física: Estudios Filosóficos e Históricos
Roberto A. Martins, Guillermo Boido y Víctor Rodríguez, editores

Volumen 4
Ciencias de la Vida: Estudios Filosóficos e Históricos
Pablo Lorenzano, Lilian A.-C. Pereira Martíns, Anna Carolina K. P. Regner, editores

Volumen 5
Lógica dinámica epistémica para la evidencialidad negativa. Las partículas negativas lā/ ʾal en ugarítico
Cristina Barés Gómez

Volumen 6
La Lógica como Herramienta de la Razón. Razonamiento Ampliativo en la Creatividad, la Cognición y la Inferencia
Atocha Aliseda

Volumen 7
Paradojas, Paradojas y más Paradojas
Eduardo Barrio, editor

Volumen 8
David Hilbert y los fundamentos de la geometría (1891-1905)
Eduardo N. Giovannini

Volumen 9
Henri Poincaré. Del Convencionalismo a la Gravitación
María de Paz

Volumen 10
Innovación en el Saber Teórico y Práctico
Anna Estany y Rosa M. Herrera

Cuadernos de Lógica, epistemología y lenguaje
Series Editors   Shahid Rahman and Juan Redmond

Innovación en el Saber Teórico y Práctico

Anna Estany
Rosa M. Herrera

© Individual author and College Publications 2016. All rights reserved.

ISBN 978-1-84890-197-1

College Publications
Scientific Director: Dov Gabbay
Managing Director: Jane Spurr http://www.collegepublications.co.uk

Cover produced by Laraine Welch
Printed by Lightning Source, Milton Keynes, UK

All rights reserved. No part of this publication may be reproduced, stored in a retrieval system or transmitted in any form, or by any means, electronic, mechanical, photocopying, recording or otherwise without prior permission, in writing, from the publisher.

Dedicatoria

A todos los innovadores en el pensamiento, la acción y el conocimiento. A aquellos que contribuyen a mejorar nuestra existencia imaginando, creando e inventando. La innovación es y será siempre un desafío, un riesgo, pero verla ya encarnada en nuestras manos, en nuestra mente, alivia y desaparece el esfuerzo vertido en ella si redunda en un futuro mejor a los que vienen detrás.

Índice

Agradecimientos 7

Prólogo 9

Introducción 15

Capítulo 1: LA INNOVACIÓN DESDE LA FILOSOFÍA DE LA CIENCIA 21
   1. Un enfoque interdisciplinario 22
   2. Conceptualizar y categorizar la innovación 25
   3. La dinámica científica: lógica de la justificación *versus* lógica
       del descubrimiento 31
   4. Imbricación *versus* fusión entre ciencia y tecnología 34
   5. Metodología de los estudios de caso 36

Capítulo 2: POLISEMIA DE "DESCUBRIMIENTO", "INVENCIÓN" E "INNOVACIÓN" 41
   1. En busca de descubrimientos 42
   2. Estructura y proceso de la invención 46
   3. Dimensiones y contextos de la innovación 51
   4. Descubrimiento, invención e innovación desde los modelos
       de cambio científico 56
      4.1 ¿Revolución o evolución? 60
   5. El factor social en los procesos de innovación 65

Capítulo 3: LA INTERVENCIÓN DEL USUARIO EN LA INVENCIÓN Y LA INNOVACIÓN 71
   1. El usuario como sujeto de la historia global de la técnica 72
   2. La intervención del usuario en los procesos de innovación 77
   3. Vías para democratizar la innovación 80
   4. Aceptación y difusión de las innovaciones 84
   5. El papel del diseño en el proceso de innovación 87
   6. La relación diseño/usuario desde los modelos cognitivos 90
   7. El protagonismo del usuario en la innovación 93

Capítulo 4: LA CREATIVIDAD EN LA INVENCIÓN Y LA INNOVACIÓN 95
   1. La creatividad como concepto integrador 96
      1.1 Un modelo cognitivo de integración conceptual 102
   2. Estudio científico de la creatividad 104
      2.1 Un abordaje neurofisiológico 109
   3. El papel del contexto en los procesos creativos 113
      3.1 El contexto en los modelos cognitivos 115

**Capítulo 5: INNOVACIÓN EPISTEMOLÓGICA Y
METODOLÓGICA** 123
1. Innovaciones epistemológicas y metodológicas en torno a los experimentos.............125
2. Representación del conocimiento.............129
3 La matemática como instrumento de la innovación en física.............132
    3.1 Un cambio de mentalidad o de perspectiva.............133
    3.2 De Newton a Lagrange 133
4. El papel de las analogías en la innovación epistemológica y metodológica: el caso del sistema solar y el átomo.............139
5. La simulación computacional como fuente de innovación.............144
    5.1 La física de los sistemas físicos "multifísica".............145
6. Relación entre modelización y simulación 149
    6.1 Modelización 150
    6.1.1 Del *hardware* manufacturado al *hardware* de usuario: La innovación del *hardware*.............151
    6.1.2 La controversia de la globalización computacional: Un ejemplo de química ampliable a otras ciencias experimentales (con los matices correspondientes).............152

**Capítulo 6: PROGRESO EN LAS CIENCIAS DESCRIPTIVAS Y
DE DISEÑO** 155
1. Valores epistémicos.............156
2. Valores contextuales 159
3. Ciencias de diseño y modelo praxiológico.............163
    3.1 La metodología de diseño 166
    3.2 La praxiología.............170
4. El papel de las máquinas y herramientas en el progreso científico.............171
    4.1 El impacto de las ciencias de la computación 174
5. La aplicabilidad de la simulación computacional 177
    5.1 Simulación de instrumentos musicales "imposibles".............178
6. La simulación computacional como herramienta de prevención de catástrofes.............180
    6.1 Simulación de incendios.............180
    6.2 Simulación en el estudio geológico de las capas interiores de la Tierra.............182
7. El papel de la innovación y el progreso en la cosmovisión.............183
    7.1 El *software* y el cambio de los conceptos fundamentales.............186

**EPÍLOGO: EL MUNDO VISTO A TRAVÉS DE LA
INNOVACIÓN** 189

REFERENCIAS BIBLIOGRÁFICAS 195

Agradecimientos

Queremos agradecer desde aquí a todas aquellas personas que consciente o inconscientemente han contribuido con sus comentarios y reflexiones, entre ellos y en primer lugar, a Thomas Nickles que aceptó desde el primer momento colaborar con un excelente prólogo a la edición del libro. No cabe duda de que sin las conversaciones con todos los miembros del grupo de investigación, David Casacuberta, Jordi Vallverdú, Thomas Sturm, Mercè Izquierdo, Sergio Martínez y Agustín Adúriz, y sin la financiación del proyecto sobre "Innovación en la práctica científica: enfoques cognitivos y sus consecuencias filosóficas" por parte del Ministerio de Ciencia y Tecnología, este libro no hubiera sido posible. Agradecemos tambien a Rafael González del Solar por la revisión editorial del manuscrito original. También a los árbitros anónimos sus comentarios a una primera versión del texto.

Prólogo[1]

La innovación en el saber teórico y práctico, por Anna Estany y Rosa M. Herrera

Me resulta novedoso tener en las manos este nuevo libro sobre el descubrimiento científico y la innovación preparado por Anna Estany y Rosa Herrera. Espero que su publicación sea una señal de que de nuevo está aumentando el interés por el difícil conjunto de temas relacionados con el llamado "contexto de descubrimiento".

El tratamiento de este tema ha estado lleno de ironías desde la década de 1960, cuando algunos científicos de la computación como Herbert Simon, e historiadores y filósofos como Norwood Russell Hanson, Thomas Kuhn, Mary Hesse, Stephen Toulmin e Imre Lakatos reabrieron un tema que los empiristas lógicos y Karl Popper habían declarado territorio prohibido.

Esta es la primera ironía. Al excluir el contexto de descubrimiento por considerarlo carente de interés epistemológico, los empiristas lógicos, filósofos científicos, excluyeron casi todo lo que los científicos hacen realmente, ¡incluso mientras sostenían que la investigación científica es la fuente principal del conocimiento humano! Irónicamente, su empirismo de principios no se extendía a estudiar empíricamente la propia investigación científica, su principal tema de interés. Dado que todos tenían abundantes antecedentes científicos, los positivistas y empiristas lógicos se sentían cómodos confiando en sus intuiciones acerca de la ciencia.

El principal objetivo de sus críticas era la presunta imposibilidad de que existieran procedimientos de descubrimiento lógicos o algorítmicos; por lo tanto, se centraron en los productos supuestamente finales de la ciencia y la justificación de los mismos. Irónicamente, en toda la historia de la ciencia no ha habido ni un solo supuesto resultado "final" importante que no haya seguido teniendo una historia de reinterpretaciones después de su publicación. Normalmente, la mayor parte del proceso de "descubrimiento" continúa después de la publicación inicial a medida que se van reinterpretando los resultados previos. Por ejemplo, la teoría cuántica originaria de Planck fue pronto transformada hasta resultar casi irreconocible a medida que Einstein, Ehrenfest, Bohr, Bose, y otros iban proporcionando interpretaciones cada

---

[1] La traducción del Prólogo y de las citas textuales, ha sido realizada por las autoras.

vez más profundas del sentido de la ley empírica de la radiación del cuerpo negro de Planck y los procesos que lo produjeron. En suma, no parece haber ninguna "regla de desprendimiento" lógica o epistemológica que nos permita liberar de una vez por todas un resultado de su contexto histórico. En efecto, podemos prever que finalmente resultará modificado o revocado por el proceso de la investigación en curso. Por lo tanto, debemos preguntarnos: ¿cuándo termina un descubrimiento (o una innovación)?

Una pequeña ironía (de momento) es que, en realidad, actualmente sí disponemos de algunos procedimientos algorítmicos de descubrimiento. Pienso en los procedimientos mecanizados para buscar patrones significativos en grandes bases de datos, algoritmos genéticos y similares. Cada año aparecen cientos de artículos científicos y de ingeniería en los que se emplean algoritmos genéticos u otras formas de computación evolutiva para resolver problemas o para generar diseños. El proceso es una variante ingenieril de la selección artificial darwiniana en contraposición con la selección natural. A medida que nuestras tecnologías computacionales se desarrollen, estos procedimientos semiautomáticos de descubrimiento seguramente irán haciéndose cada vez más importantes. De hecho, en un sentido más amplio y coincidiendo con Donald Campbell, Daniel Dennett y otros, yo diría que toda innovación creativa supone la aplicación de alguna forma de procedimiento de variación y selección que puede ser expresado de manera abstracta como un algoritmo. Como todo el mundo ha señalado, al menos desde Pasteur y Poincaré, el descubrimiento favorece a la mente preparada. Bien, cabe esperar que las futuras tecnologías de computación abarquen cada vez más la preparación necesaria, al igual que, en el sector del diseño y la fabricación de productos, los expertos artesanos de antaño han sido sustituidos en gran medida (pero nunca a título completo) por los trabajadores relativamente poco cualificados de una línea de ensamblaje y por procedimientos automatizados.

Como nuestras autoras Estany y Herrera señalan, hay ambigüedades en los tres términos de integración que ellas utilizan: descubrimiento, invención e innovación. Por ejemplo, "descubrimiento" puede significar un logro completado —un producto de la investigación— tanto como el proceso que lo produjo. En este último sentido "descubrimiento" nos sugiere el "contexto de descubrimiento" y, en general, la práctica científica en proceso. El desprecio de los filósofos por los procesos de descubrimiento ha sido un síntoma de su descuido respecto de la práctica científica en general.

Ha sido el trabajo histórico y sociológico del nuevo constructivismo social parcialmente inspirado en la *Estructura de las revoluciones científicas* de Kuhn, el que enseguida ha llenado el vacío dejado por el abandono de la práctica científica por los filósofos. Dado que el propio Popper había afirmado que el problema central de la epistemología es el problema de la comprensión de cómo aumenta el conocimiento, resulta sorprendente que la mayoría de los filósofos de la época cedieran de buen grado este amplio territorio a la historia, la sociología y la psicología de la ciencia. En mi opinión, la mayoría de los filósofos no se dieron cuenta de lo que estaban regalando. En todo caso, a los filósofos de la ciencia les llevó una generación realizar, finalmente, "un giro práctico" hacia una concepción más naturalista de la investigación científica. Aquí también debo estar de acuerdo con Estany y Herrera en que los temas del descubrimiento, la invención y la innovación son intrínsecamente interdisciplinarias y transdisciplinarias. Todas las disciplinas que estudian las ciencias, incluida la filosofía de la ciencia, son pertinentes para la comprensión de la práctica científica.

Aquí llegamos a otra ironía más. La primera generación de académicos radicales que hacía sociología del conocimiento científico (SSK[2], ahora a menudo llamada "estudios de ciencia y tecnología" o STS[3]) desestimó el discurso filosófico del descubrimiento, porque el término "descubrimiento" sonaba al mismo tiempo a empirismo ingenuo y a realismo fuerte, mucho más que el constructivismo social, como si los métodos científicos revelaran directamente verdades básicas acerca de la naturaleza a la espera de ser observadas. Y sin embargo, estos mismos sociólogos, insistían en que utilizamos las "categorías de los actores" y empleaban el término "conocimiento"[4] de una manera imprecisa, inaceptable para los filósofos conservadores, con el fin de designar lo que cualquier comunidad pertinente del momento coincidía en considerar conocimiento. En mi opinión, "¡que la peste se lleve a ambas casas"[5]! Seamos coherentes y utilicemos las categorías de los actores también para referirnos al descubrimiento. Los filósofos no eran lo bastante pragmáticos ni atendían suficientemente el aspecto sociológico de lo que contaba como conocimiento; los sociólogos confundían las cosas al no tratar "conocimiento" y "descubrimiento" de la misma manera.

---

[2] SSK, siglas de la expresión inglesa *sociology of scientific knowledge*.
[3] STS, siglas de la expresión inglesa *science, technology and society*.
[4] Es decir, conocimiento entre comillas.
[5] Palabras de Mercutio al ser herido por Teobaldo en *Romeo y Julieta* (acto III, escena I). [*N. de las AA.*]

Hoy en día, afortunadamente, las viejas divisiones se están debilitando. Algunos sociólogos de la ciencia utilizan libremente el término "descubrimiento", mientras que muchos filósofos, incluidos Estany, Herrera y yo mismo, utilizamos "descubrimiento" para designar el proceso de investigación y sus productos contextualizados antes que para designar verdades definitivas sobre el universo. Nosotros no asumimos una posición realista fuerte con respecto al descubrimiento y admitimos que lo que la comunidad científica hoy considera un descubrimiento es probable que se revise mañana.

¿Qué motivó la tendencia al realismo científico fuerte? En mi opinión, muchos filósofos de la ciencia reaccionaron exageradamente al primer y radical constructivismo social de los sociólogos de la nueva ola, adoptando una posición realista excesivamente fuerte, según la cual las ciencias maduras habían establecido verdades profundas, o bastante aproximadas, sobre el mundo. Esta reacción realista fuerte perjudicó de dos maneras al incipiente movimiento hacia el descubrimiento. En primer lugar, de nuevo se puso el énfasis filosófico en el contexto de justificación en contraposición al contexto de descubrimiento. En segundo lugar, el realismo se convirtió en uno de los temas centrales de la filosofía de la ciencia. Esto desvió la atención de los filósofos, apartándola de problemas más importantes (en mi opinión), dado que la filosofía de la ciencia, a diferencia de la historia, es un campo en el que la mayor atención está totalmente enfocada en solo unos pocos grandes problemas a la vez. Estos acontecimientos retrasaron el desarrollo de enfoques respecto de la ciencia más pragmáticos y prometedores como el de Kuhn, que consideraban la fecundidad heurística como un objetivo más alcanzable o valioso que la verdad.

Entonces, ¿qué es un descubrimiento? y ¿cómo ha de distinguirse de la invención o la innovación en general? En *La estructura de las revoluciones científicas*, Kuhn hablaba de los descubrimientos principalmente como afirmaciones sobre hechos empíricos acerca de fenómenos naturales situados ahí fuera, en el mundo, como por ejemplo, en el descubrimiento del oxígeno por Lavoisier y el de los rayos X por Roentgen. En cambio, Kuhn se refería a las teorías como invenciones humanas, construcciones humanas; algo muy próximo a lo que mucha gente llama innovación, un término que supone una cuota mayor de intervención (*agency*) humana que "descubrimiento". No obstante, Kuhn advirtió que esta distinción no es nítida, de ahí que la cuestión de quién descubrió el oxígeno (por ejemplo) dependa fuertemente del marco teórico empleado para caracterizarlo. Como Estany y Herrera nos recuerdan, Joseph Priestley consiguió aislar el oxígeno, pero sus ideas teóricas acerca de este elemento estaban muy equivocadas y, por lo tanto, no se considera a Priestley su descubridor. En cuanto a la invención, mucha gente diría: "Eso es lo que hizo Thomas Edison: realizar inventos y obtener patentes para sus dispositivos".

Yo mismo tiendo a restringir el término *invención* a los dispositivos o procesos tecnológicos en el conveniente sentido amplio de "tecnología" o ciencia aplicada, ideas del tipo que pueden ser patentadas. Estoy de acuerdo con Estany y Herrera en que las *innovaciones* son más que ideas creativas aun cuando hayan sido publicadas o patentadas. Una innovación genuina debe ser algo relativamente persistente, es decir debe conllevar un auténtico beneficio social. Admito que a menudo empleo el término innovación de forma más amplia que nuestras autoras con el fin de abarcar también la invención y el descubrimiento. Lo hago en contextos en los que quiero subrayar mi perspectiva Campbell-Dennett-Toulmin (aún controvertida) de que todo diseño creativo, todo ajuste creativo que sobrevive a la prueba de su aplicación al mundo real, es el producto de procesos subyacentes de variación-selección cuasi-darwinianos. En otros contextos estoy completamente de acuerdo con las distinciones hechas por Estany y Herrera, y yo mismo las utilizo. Las autoras expresan con acierto la cuestión principal: el descubrimiento consiste en describir el mundo, mientras que la innovación consiste en transformarlo. Resulta interesante su propuesta de que prestemos especial atención al uso de estos términos de acuerdo con el trabajo de Eleanor Rosch sobre prototipos (véase el capítulo dos de esta obra). Me gusta esta sugerencia que evita las trampas de las definiciones esencialistas, aunque me pregunto si aquí sería posible encontrar diferencias culturales, como se hace al decir qué se considera un pájaro típico o una pieza típica de mobiliario.

Aunque la antigua distinción entre ciencia pura o básica y ciencia aplicada ha sido un poco debilitada por los estudios históricos y sociológicos que han dado a conocer el modo en que los problemas básicos a menudo han sido moldeados por preocupaciones prácticas (y viceversa), todavía hemos de hacer distinciones contextuales según esa diferenciación. El público en general (incluidos muchos de mis estudiantes) confunde la ciencia moderna con los artilugios tecnológicos, especialmente con los teléfonos celulares. Pero recientemente también se ha producido un cambio en los ámbitos de financiamiento gubernamental, tales como las agencias científicas nacionales y las organizaciones como la Asociación Estadounidense para el Avance de la Ciencia (que a pesar de su nombre es una gran organización internacional). Gracias a mi participación a través de los años en ambos tipos de organizaciones, he advertido un desplazamiento en el énfasis, desde la ciencia básica a lo que ahora se llama "investigación traslacional", la cual traslada o traduce los resultados de la ciencia básica a aplicaciones útiles para su comercialización. Ahora que los economistas y los líderes de negocios valoran la importancia de la innovación y de la ventaja global competitiva más que nunca, se preocupan por la lentitud con la cual se consiguen los resultados de las investigaciones financiadas a nivel nacional y universitario para el mercado.

Mis observaciones son solo algunas pinceladas sobre el rico conjunto de temas que se trata en *La innovación en el saber teórico y práctico*. Me satisface que Anna Estany y Rosa Herrera tengan en cuenta las ciencias de diseño asociadas con Herbert Simon, por ejemplo, así como las concepciones más recientes sobre la innovación tecnológica de pensadores de primera línea tales como Brian Arthur y Eric von Hippel. Espero que los lectores de este libro obtengan una noción más precisa de la investigación científica y tecnológica, y que se percaten de lo difícil que ésta es, así como de que la investigación creativa no es simplemente una cuestión de darle a una manivela metodológica. Las fronteras de la investigación, tanto en la ciencia básica como en la tecnología, están llenas de riesgo e incertidumbre. Esto es así porque, como el mismo Popper gustaba decir, no podemos saber ahora aquello que solo conoceremos más adelante.

Thomas Nickles
(Universidad de Nevada, Reno, EE. UU.)

Introducción

Una frase que se ha hecho famosa entre los académicos es *publish or perish* (publicar o perecer), en el sentido de que, si no se publica, el trabajo que uno está haciendo no existe para el medio académico e investigador. Posiblemente, esta máxima continúa siendo válida, pero hay otra que se ha impuesto y no solo en la academia sino en todos los ámbitos de la vida y de la cultura, a saber: "innovar para sobrevivir".

La innovación está presente en los medios de comunicación a través de titulares y comentarios de prensa. Como muestra vamos a indicar algunas de las innumerables noticias que encontramos tanto en la prensa diaria como en las revistas, congresos, boletines institucionales, etc. Se trata simplemente de ejemplificar la idea de que los procesos de innovación son centrales en nuestra sociedad, como seguramente el lector habrá comprobado a partir de su experiencia y de su interlocución con los medios de comunicación.

- El 22 de mayo de 2013 Europa Press daba la noticia de que Ferràn Adrià había visitado la Universidad de Valladolid de la mano de Telefónica, gracias a la gira "Innovación y talento" que la compañía ha puesto en marcha para acercar la figura creativa e innovadora de quien está considerado el mejor chef del mundo a los universitarios españoles.

- En la sección de Noticias (4/7/2011) de la IDEC-Universidad Pompeu Fabra podía leerse lo siguiente: El 30 de junio de 2011 el Dr. Carles Murillo, director del Máster en Gestión y Dirección del Deporte en la Barcelona School of Management, impartió en la sede de la Cámara Española de Comercio de la República Argentina, en Buenos Aires, la conferencia "Efecto Barça, efecto Guardiola. La difusión de las innovaciones en gestión deportiva y económica", en la cual se analizaron las estrategias de gestión que están detrás del equipo de fútbol. El acto contó con la participación de Jorge Raffo, Director de Desarrollo Deportivo del Futbol Club Barcelona en Argentina.

- Después de las medallas de plata y bronce de los Juegos olímpicos de Londres (2012), la entrenadora Anna Tarrés afirmó: «La clave estuvo en la innovación y la coreografía». En una entrevista de EL IMPARCIAL del 10 de mayo del 2013, a la pregunta: «¿En qué consiste lo que define como "método Tarrés"?», ella responde: «He intentado ordenar las ideas, y a través de las experiencias ha ido saliendo ese "método Tarrés" que se basa en el trabajo, la cultura del esfuerzo, la disciplina, la voluntad de mejora continua, la creatividad, la máxima calidad, la innovación y en crear equipo. Al final, solo escogiendo a las mejores hemos sido capaces de desarrollar nuestro talento individual para ponerlo al servicio del grupo. Por lo tanto, ha sido un método basado en aprender a trabajar con máxima calidad y atendiendo a todos los 'inputs' de innovación posibles para progresar y donde la gestión del grupo humano ha sido una de las claves del éxito».

- En un artículo aparecido en el número 6 de ALTERNATIVAS ECONÓMICAS con el título «Cuando 'entregar' rima con 'insertar'» podemos leer lo siguiente: "Iniciativa: Identificar nuevas necesidades y responder a ellas: es el reto de la innovación social. Como ejemplo, La Petite Reine, una empresa de reparto ecológico que contrata a jóvenes sin empleo".

- La apuesta de Barcelona por las nuevas tecnologías le ha valido la distinción de Capital Europea de la Innovación, un nuevo premio que otorga la Comisión Europea para fomentar el uso de las nuevas tecnologías, ya que se consideran claves para aumentar la competitividad empresarial y el crecimiento económico (El País, 12-3-2014).

- En la página web de la Universidad Autónoma de Barcelona se anunciaba que se iban a dedicar 150 metros para innovar y para formarse en emprendimiento. El espacio "UAB emprende" se encuentra en el edificio de la sala de estudio de la Plaza Cívica y permite a los emprendedores compartir una zona de trabajo, fomentar proyectos y potenciar oportunidades de negocio, ofreciendo gratuitamente los servicios necesarios y asesoramiento profesional para que puedan realizar sus proyectos.

Qué duda cabe de que el mundo gira en torno a la innovación. Se innova en la cocina, en la música, en el arte, en el comercio, en las formas de organización social, en la estructura familiar; en fin, la lista sería interminable, no hay ámbito de nuestra sociedad en el que no se hable de innovación. Dicho de otra manera, se vive la innovación como un avance en el sentido positivo de mejora, asociado además a una idea inconsciente de calidad. De manera general, se puede decir que innovación y creatividad forman parte de la naturaleza humana, y hacen posible la supervivencia de la especie en situaciones precarias y difíciles. En definitiva, están en la base de la evolución.

La innovación, vista al microscopio con mayor precisión está en todo (o casi); desde luego es una característica esencial de la actividad humana social o individual. Como concepto es una abstracción que emerge de la mirada que posamos sobre el mundo y de la forma de dicha mirada. Al mismo tiempo forma parte de las propiedades de definición del mundo como sistema de sistemas.

La idea de escribir un libro sobre innovación, un concepto dinámico sobre el cual se investiga activamente, surgió por nuestro interés tanto en su comprensión profunda como en su actual puesta en valor (más allá de la generalización de su uso hasta la extenuación).

La principal dificultad que aparece al acercarse a este propósito procede del carácter poliédrico y difuso, intrínseco a esta noción, que florece simultáneamente en campos, situaciones y ambientes muy diversos, que se utiliza con profusión, como ya se ha mencionado, a veces banalmente, para otorgar "virtud" de modernidad, calidad, utilidad e incluso belleza a aquello a lo que se aplica el rótulo de innovador. Nos proponemos aportar una reflexión basada tanto en nuestra propia experiencia como en la literatura filosófico-científica analizada.

El objetivo del libro consiste en analizar los conceptos de innovación, invención, descubrimiento y progreso desde una perspectiva epistemológica y metodológica a partir del nuevo estado y contexto en el que se desarrolla la práctica científica. Para ello debemos examinar el significado de estos conceptos en sus diversos contextos de investigación, tanto básica como aplicada. La creatividad actuará como telón de fondo para la identificación y análisis de dichos conceptos. En cuanto al progreso, repasaremos sus indicadores en los distintos ámbitos de la actividad científica.

En el Capítulo 1 se da una visión general de la importancia de la innovación en nuestra sociedad y presentamos sus aspectos más destacables, las formas en que pueden categorizarse, las perspectivas desde las cuales podemos abordarla y los ámbitos en los que ha surgido como elemento central de la dinámica científica. Se analizan algunas de las cuestiones filosóficas que en las últimas décadas han sido motivo de debate y que están relacionadas con los cambios científicos, tales como la cuestión del contexto de la justificación *versus* el contexto del descubrimiento, la relación ciencia/tecnología y el impacto de las ciencias cognitivas en la filosofía de la ciencia.

En el Capítulo 2 se analiza la polisemia de "innovación", "invención" y "descubrimiento" tal como reza el título. Mostramos cómo, a pesar de sus diferentes sentidos, estos tres conceptos exhiben características comunes, por lo que pueden considerarse "conceptos integradores", una vía intermedia de categorizar entidades entre la atomización y la generalización. Analizamos el papel de los descubrimientos en los modelos de cambio científico, examinamos una secuencia de invenciones a lo largo de la historia de la humanidad, desde la alfarería 12.000 años antes de J.C. hasta el CD en 1982 y, finalmente, abordamos las dimensiones de la innovación.

Una vez llevado a cabo el análisis conceptual, en el Capítulo 3 se aborda uno de los fenómenos más relevantes de nuestro tiempo, como es la participación de los usuarios en los procesos de innovación, sea como sujetos activos en situaciones en que éstos tienen los conocimientos necesarios para la creación de una novedad, sea como sujetos pasivos en tanto en cuanto aceptan y adoptan estas innovaciones, integrándolas en su vida y creando así un entramado de redes de interacción social.

En el Capítulo 4 abordamos la creatividad que subyace a todos los procesos de descubrimiento, invención e innovación. Las perspectivas desde las cuales se puede estudiar la creatividad son múltiples; por un lado, están los enfoques de dicho fenómeno desde disciplinas como la psicología, la neurobiología o la sociología y, por otro, las aplicaciones a campos específicos tales como la pedagogía, las ciencias de la comunicación, la ciencia política, la publicidad, las ciencias empresariales, etc. El tema relevante para este trabajo es la conexión que se establece entre creatividad e innovación, invención y descubrimiento.

En el Capítulo 5 se aborda directamente la polémica cuestión de la innovación, tanto en la epistemología científica como en el método. Para ello se parte de ejemplos de la historia de la ciencia asociados con el desarrollo de la física, especialmente con la astronomía y la mecánica (además de las matemáticas) porque constituyen hasta casi el siglo XVIII las principales fuentes de conocimiento reglado y sistematizado de la naturaleza. En definitiva, toda la familia de herramientas que sirven para construir la ciencia básica y para teorizar sobre el mundo. Finalmente, llegamos a la innovación ocasionada por el advenimiento y desarrollo de la computación, que se incorpora al método científico como elemento decisivo en la simulación, en plano de igualdad con la observación, la experimentación y el análisis, pero también como herramienta propia y valiosa de uso cotidiano en la práctica científica. Una auténtica revolución epistemológica.

El propósito del Capítulo 6 es proporcionar un enfoque global de la idea de progreso, lo cual nos lleva plantear una serie de preguntas, tales como ¿qué significa y qué implica progresar?, ¿se puede considerar progreso todo avance científico o mejora técnica?, ¿cuáles son los baremos, las contrapartidas, las motivaciones y los intereses de los desarrollos científicos?, ¿por qué no desarrollar una técnica en lugar de otra?, ¿cómo se usa lo que sabemos y aprendemos? En definitiva, nuestro propósito no es desligar la idea de avance científico de la idea de progreso social, sino llamar la atención para que no se confundan ambos conceptos y, en consecuencia, propiciar que se planteen ciertas reflexiones a la hora de usarlos como sinónimos.

¿Cómo surge la idea del libro?

La génesis remota de esta obra se puede datar en julio del año 2011 y tuvo lugar en Nancy (Francia) durante el 14º Congreso de Lógica, Metodología y Filosofía de la Ciencia (CLMPS). El proyecto se consolidó durante el simposio sobre argumentación que se celebró en la sede de la Universidad Nacional de Educación a Distancia (UNED) en Madrid (ARGUINNOVA, 2012). En los meses que transcurrieron entre ambos eventos fuimos vislumbrando la posibilidad de trabajar conjuntamente, desde diversas perspectivas, en el terreno de la investigación sobre conceptos como la innovación y otros asociados a la creatividad científica. Otra fecha importante en la consolidación de este trabajo fue el seminario *Innovation and Scientific Practice*, celebrado en la Universidad Autónoma de Barcelona en junio de 2014. Participamos en la exposición de algunas líneas de desarrollo e investigación de primer orden que están teniendo lugar simultáneamente en otros espacios y ambientes, y presentamos, discutimos y contrastamos nuestras propuestas. El debate y los problemas abiertos que se plantearon fueron de sumo interés.

Nuestro proyecto ha supuesto un trabajo gratificante, aunque arduo, que nos ha ayudado a clarificar y enriquecer, en cierta medida, la visión previa que teníamos del tema, pero también nos ha enseñado a mirarlo desde una perspectiva diferente a la de nuestros respectivos campos de estudio personales, a ampliar la percepción que tenemos de ellos y a encuadrarlos en un marco más abarcador.

Converger desde ambientes científicos bien distintos (aunque en un sentido más amplio y personal con mucha complicidad implícita en lo profesional y en nuestra visión del mundo) ha sido una de las satisfacciones que nos ha proporcionado este trabajo, y nos ha permitido constatar desde una visión de "gran angular" la enorme cantidad de material existente que estamos en disposición de presentar.

Nuestra apuesta claramente interdisciplinaria requiere una forma de interrelación profesional, que podemos considerar, en sí misma, un modo de trabajo "innovador", absolutamente necesario a causa de la superespecialización, unida a la complejidad de los fenómenos que la ciencia tiene que abordar. Sin duda la colaboración en el proyecto está respaldada por los recursos tecnológicos y los avances generales que el mundo nos ofrece. El contexto ayuda. Vivimos más o menos inmersas en la interesante experiencia de la globalización que se extiende hasta abarcar ideas acerca de la inteligencia, con el ascenso creciente de la toma de conciencia de la noción de inteligencia colectiva propiciada por el mundo en el que vivimos interconectados y por la idea de inteligencia social participativa. Resumiendo, abordamos el trabajo con una mentalidad innovadora en método y en epistemología, con un espíritu de complementariedad armónico y bien conjugado.

Los temas sobre los que hemos reflexionado y discutido están imbuidos de forma natural y transversal por las ideas de invención, descubrimiento y argumentación colectiva: la aportación de los usuarios en tanto que sujetos pasivos pero también como agentes de cambio. En el tratamiento del tema nos ha guiado la creatividad subyacente a todos los procesos innovadores y la noción de progreso globalmente estudiado, es decir considerado fuera del significado puro de avance, en el marco más amplio que tiene en cuenta valores más fuertes y casi incontrovertibles, como la humanidad inmersa en su contexto planetario.

Capítulo 1: LA INNOVACIÓN DESDE LA FILOSOFÍA DE LA CIENCIA

La idea de innovación no es de por sí innovadora, puesto que el proceso innovador está en la naturaleza como regeneración que se perfecciona a sí misma y ha llamado la atención del ser humano desde nuestros inicios. De hecho, como se mencionará al tratar la innovación epistemológica en el método científico, al estudiar los sistemas físicos, una de las propiedades que definen los sistemas complejos (por ejemplo, los sistemas biológicos o los sistemas computacionales) es la innovación.

Seguramente, de todas las renovaciones solo perduran las que se tornan innovaciones útiles, bien porque fortalecen los fundamentos del conocimiento bien porque suponen mejoras para la sociedad. El riguroso libro *online* de física general *Motion mountain*[1] de Christoph Schiller (edición de 2007) resume de forma concisa y elegante estas ideas sobre la innovación, explicitándolas con ejemplos: desde la perspectiva de la física, los procesos naturales tienen características comunes, muchas de las cuales pueden expresarse matemáticamente; algo similar ocurre con las ciencias de la vida. En ese sentido la innovación es un fenómeno natural o intrínseco a la naturaleza de las cosas.

> [...] Todos estos son ejemplos de procesos de auto-organización; los biocientíficos simplemente hablan de los procesos de crecimiento. Independientemente de cómo los llamemos, todos estos procesos se caracterizan por la aparición espontánea de patrones, formas y ciclos. Dichos procesos constituyen un tema de investigación común en muchas disciplinas, incluyendo la biología, la química, la medicina, la geología y la ingeniería [...][2]

La connotación humana y cultural de la innovación es también de interés, y aunque no siempre se reconozca como tal, está en la base de la civilización. Se innova para conservar, naturalmente, lo más valioso. La necesidad de la innovación se consagra en el dicho popular castellano[3] con la ex-

---

[1] http://motionmountain.net/ para las citas [MM]
[2] Schiller, 2007, p. 183.
[3] En las culturas afines debe de haber comentarios similares. En italiano se usa "*Rinnovarsi o morire*", en inglés podemos encontrar frases como "*Renew or die*",

presión de "renovarse o morir" aplicado en la vida cotidiana. Un lector conceptualmente muy purista, diría seguramente que renovarse no es exactamente lo mismo que innovar, pero es tan sutil la diferencia que podemos dar la equivalencia por buena.

La popularización y la consiguiente asunción de la idea de innovación en la sociedad es un hecho reciente; sin embargo, la innovación (como acción) ha sido constante a lo largo de la historia, aunque no con la visibilidad y la rapidez del ritmo actual.

1. Un enfoque interdisciplinario

Precisamente, uno de los puntos importantes de este libro es la identificación de los factores que han influido para que la idea de innovación se amplíe e incorpore más allá de la ciencia y la tecnología, ámbitos clásicos en los cuales ese concepto ha tenido siempre vigencia y sentido. Anteriormente este concepto se ha aplicado casi exclusivamente a la tecnología, ya que en la ciencia pura más que de innovación se ha hablado de descubrimiento e invención, al menos en numerosas ocasiones y sobre todo en las miradas externas a la ciencia.

En este contexto terminológico, nos preguntamos: ¿es una cuestión puramente nominal o responde a causas más profundas el hecho de que la categoría *innovación* se haya trasladado a ambientes en que hasta hace poco tiempo no se utilizaba? Una posible respuesta consiste en la omnipresencia de la ciencia en los cambios en todas las esferas de la vida cotidiana y de la cultura, y su crucial contribución, casi siempre, a dichos cambios. Responder a tal amplitud expansiva de la ciencia y del concepto de innovación requeriría una extensión enciclopédica, pero no es la intención de este trabajo; nuestro propósito consiste en aplicar o vincular la idea de innovación exclusivamente al ámbito de la ciencia en todas sus expresiones: desde la investigación pura hasta sus aplicaciones, y desde la ciencia a la metaciencia, entendida esta como epistemología de la ciencia.

"*Adapt or die*", "*Adapt or perish*" o "*Reinvent yourself or perish*", en francés "*Se renouveler ou mourir*", "*Se redécouvrir ou mourir*" o "*Se reinventer ou mourir*", y en alemán parece ser que se usa "*Erneuert oder sterben*" aunque se suele hablar más de renacimiento "*Wiedergeburt*".

En las ciencias más sólidamente construidas, como son las derivadas de la primitiva Astronomía posicional y extensivamente las Ciencias Físicas y su fiel sostén y compañera las Matemáticas, se ha innovado desde tiempos remotos. Si bien la expresión "innovación" no era usada explícitamente por sus protagonistas, en nuestro lenguaje dichos avances serían reconocidos como innovación, así cabe citar por ejemplo la mecanización del cosmos y del mundo sublunar, la relación de la Geometría y la Física, etc.

Nos proponemos desentrañar el carácter innovador de algunos logros o al menos presentar sus claves principales. Para tal propósito mostramos ejemplos históricos del desarrollo de la Mecánica[4] que han comportado un modo de hacer innovador y vanguardista. También la idea de descubrimiento tiene varios sentidos y puede referirse tanto al descubrimiento de nuevas realidades, por ejemplo cometas, como a la formulación o reformulación de nuevos problemas (Tozzi, 2000).

Si la reflexión sobre la innovación se extiende al campo de la ciencia aplicada, el concepto correspondiente adquiere mayor amplitud y se expande hacia ámbitos como la gastronomía o el deporte, en los que el conocimiento científico participa y es clave para obtener mejores resultados o mayor grado de perfección. Se puede decir que dichos campos son embriones de disciplinas científicas, aunque de momento aún están en proceso de desarrollo y, sobre todo, de institucionalización.

Aquí es donde entran en juego las "ciencias de diseño", denominadas así por H. Simon (1969) y analizadas desde la filosofía por I. Niiniluoto (1993). Las ciencias de diseño son el resultado de la cientifización y mecanización de las artes en el sentido de habilidades para resolver problemas prácticos. Las ingenierías, la medicina y las ciencias de la educación, así como las ciencias de la información, son ejemplos de este tipo de disciplinas[5]. Es evidente que cada una de estas materias tiene características peculiares, pero también comparten aspectos, lógicas y finalidades que pueden converger en la idea de innovación.

Al mismo tiempo consideramos que la mejor forma de abordar un fenómeno tan complejo como la innovación es la interdisciplinaria, una con-

---

[4] Por ser una ciencia crucial que impregna, en mayor o menor grado, casi todos los desarrollos científicos hasta el siglo XIX y aún sigue ejerciendo gran influencia.

[5] En el capítulo sobre progreso científico desarrollamos las características y la metodología de las ciencias de diseño.

cepción ya de por sí innovadora. La interdisciplinariedad es un procedimiento para reunir lo que se ha separado con anterioridad, privilegiando la eficacia, y quizá también para tener la capacidad de abarcar lo más significativo y común a todas las partes. Es este enfoque inter/transdisciplinario lo que sustenta y da sentido a esta publicación. Se trata de un análisis global desde un caleidoscopio conceptual que aborde los distintos aspectos y perspectivas de la innovación y de conceptos afines, como son invención, descubrimiento, creatividad y progreso.

El desarrollo eficaz de un estudio que tiene como objetivo el tratamiento conjugado de diferentes disciplinas requiere habilidades y contenidos diferenciados a veces muy alejados; pero, por otro lado, también es imprescindible la capacidad de encajar todas las piezas dentro de una visión global pues se trata de configurar una totalidad conceptualmente cohesionada. Precisamente, ambas condiciones están en la base de la interdisciplina.

A la hora de afrontar todas las cuestiones planteadas en torno a la innovación, la invención, el descubrimiento y el progreso no podemos olvidar las circunstancias en las que se desarrollan actualmente la actividad científica y su reflexión filosófica. Es posible decir que en este momento actual hay dos cuestiones que han marcado la filosofía de la ciencia de las últimas décadas. Una es la imbricación entre la ciencia, su conversión en tecnología y las consecuencias que ello acarrea para la sociedad. La filosofía de la ciencia ha ampliado su campo de reflexión en un intento de abordar el fenómeno científico de forma global, teniendo en cuenta todos los factores que intervienen en la práctica científica. La otra cuestión es el impacto que las ciencias cognitivas han tenido en la filosofía de la ciencia y de la tecnología dentro del programa naturalizador[6]. En consecuencia, ningún planteamiento filosófico sobre la ciencia puede obviar los modelos cognitivos relevantes para el fenómeno estudiado. Todo ello ha dado lugar a un nuevo enfoque en la filosofía de la ciencia. Esta nueva perspectiva está marcada, por un lado, por la

---

[6] El programa naturalizador, o de naturalización, de la filosofía propone abandonar el apriorismo y dar a las ciencias empíricas un papel clave en su fundamentación. Podemos hablar de distintos tipos de naturalización: por simetría metodológica, por analogía y por traspasamiento. La primera aboga por que los métodos utilizados en la filosofía no sean distintos de los utilizados en las ciencias particulares. La naturalización por analogía consiste en tomar una ciencia particular como modelo analógico para analizar problemas filosóficos. Por último, la naturalización por traspasamiento consiste en delegar las funciones (todas o en parte) de la filosofía en una ciencia particular (sea esta la psicología, la sociología o la neurobiología).

necesidad de una visión globalizadora e interdisciplinaria y, por otra, por el punto de vista cognitivo.

A partir de estas dos cuestiones todo parece indicar la necesidad de replantear el sentido de estos conceptos y de su utilización en la práctica científica. Será interesante ver hasta qué punto el significado de los mismos ha sufrido modificaciones en el marco de la filosofía de las prácticas científicas; por un lado, si es posible abordar las ciencias de diseño a partir del concepto de descubrimiento, y las ciencias descriptivas desde la innovación y la invención; por otro lado, el papel que tiene el descubrimiento en las ciencias de diseño, así como la relevancia que determinadas invenciones han supuesto para las ciencias descriptivas. Como telón de fondo, los modelos cognitivos serán siempre un punto de referencia para ver hasta qué punto pueden clarificar los problemas filosóficos planteados.

2. Conceptualizar y categorizar la innovación

A través de nuestra vida vamos construyendo conceptos sobre la realidad y almacenándolos para poder recuperarlos posteriormente. El desarrollo del cerebro, aun con las diferencias propias de cada grupo humano y, entre otros aspectos, de cada época, cultura y civilización posibilita casi todo lo que somos capaces de percibir (que no es la totalidad de lo existente, incluso si solo se considera las inmediaciones de cada individuo) y deja huella en mayor o menor medida. Si tuviéramos otro aparato sensorial percibiríamos el mundo de forma distinta, aunque tampoco "esta forma" estaría unívocamente determinada en correspondencia con la frase precedente; en consecuencia, las percepciones son el resultado de un compromiso entre la expectación, es decir, lo que esperamos ver, oír, oler, etc. (en función de nuestro sistema conceptual, producto de nuestra historia individual y social) y los estímulos del entorno. Así la ciencia constituye una conceptualización de la realidad y la filosofía una conceptualización de los sistemas conceptuales, es decir, una meta-conceptualización.

Ante las diferencias en la caracterización de determinados conceptos que encontramos en la práctica científica podemos tomar la decisión de reducir al mínimo las categorías aplicando la navaja de Occam, construir una tipología a modo de partición matemática[7], o pensar en un camino intermedio, el de los conceptos integradores. Tenemos pues tres formas de proceder frente a la diversidad, que pueden aplicarse tanto a la ciencia como a la filosofía. Las dos primeras, podemos descartarlas para el caso que nos ocupa. La navaja de Occam implicaría dejar de lado muchas sutilezas y diferencias relevantes de los conceptos analizados, una partición matemática es prácticamente inviable por la complejidad del campo abordado y por los múltiples ejemplos fronterizos que difuminan los límites de los posibles nichos de tal partición. En último término, si quisiéramos un modelo formal para una clasificación de los conceptos de innovación, invención y descubrimiento habría que recurrir a la teoría de conjuntos borrosos o difusos (*fuzzy set theory*), una cuestión que no vamos a abordar en este libro porque va más allá de sus objetivos.

Por tanto, la otra forma de abordar la polisemia de los conceptos es la idea de "concepto integrador", una vía intermedia entre la generalización y la atomización ontológica. En el primer caso tendríamos lo que a veces se ha denominado "conceptos esponja" en el sentido que admiten elementos muy diversos y muy generales; en el segundo caso sería prácticamente imposible la categorización ya que siempre encontraríamos alguna característica distinta entre dos de sus elementos.

Los *conceptos integradores* suponen la inclusión de diferentes ítems en categorías que tienen una fuerza explicativa que no es reducible a la suma de las partes[8]. La integración puede implicar el descartar conceptos inadecuados pero, al mismo tiempo, conservar la diversidad o transformarla en un recurso para ampliar nuestra comprensión. Los conceptos integradores, a veces, están asociados a idealizaciones que nos proporcionan una comprensión de la realidad más allá de lo que cada uno por separado podría alcanzar. No olvidemos que conceptualizar es incluir en una misma categoría objetos diversos, pero con características comunes. El lenguaje es una muestra de ello, ya que cuando nos referimos a "lápiz" incluimos objetos diversos que "integramos" en esta categoría. La base del conocimiento científico es categorizar los fenómenos, sistematizarlos y conceptualizarlos. En este sentido podemos considerar los conceptos integradores como un recurso epistemológico que implementa una determinada forma de categorización, aquella que se

---

[7] En el texto usamos la expresión "partición matemática" en el sentido que tiene la partición de un conjunto, es decir en el de división del mismo en subconjuntos no vacíos y disjuntos que no tienen elementos comunes, es decir que están separados.
[8] Es la idea de no linealidad en ciencia, el todo no es la suma de las partes.

sitúa en un término medio permitiendo aunar en una misma categoría distintos ítems con características comunes.

Tanto en la ciencia como en la filosofía podemos encontrar conceptos integradores. Como muestra de ello tenemos, en el marco de las ciencias cognitivas, los conceptos de "mente extendida", "andamio cognitivo" y "*affordance*"[9]. El primero integra los conceptos que indican algún tipo de implementación de nuestra capacidad cognitiva más allá de la cabeza; los otros dos tienen en común actuar como recursos cognitivos que facilitan la supervivencia de la especie y, en el caso de los humanos, la supervivencia biológica y cultural. En filosofía, conceptos como realismo, idealismo, determinismo, empirismo y algunos otros también pueden considerarse conceptos integradores. En conclusión, lo que proponemos es aplicarlo a la metaciencia, y argumentar la importancia de los conceptos de innovación, invención, descubrimiento y progreso como conceptos integradores de la dinámica científica. Podríamos decir que "novedad" es la categoría que integraría todas las demás pero es demasiado amplia como para centrar en ella el objeto de estudio. Por tanto, consideramos que invención, innovación y descubrimiento constituyen el nivel intermedio que, aun compartiendo la característica de novedad, poseen diferencias relevantes para abordar cada uno de estos conceptos por separado.

Vemos pues que hay distintas formas de clasificar y categorizar aquello que observamos. A esta cuestión subyace la interpretación tradicional de *sema* "como unidad mínima de significado", que ha servido para la descripción exacta y casi minimalista de objetos. La forma clásica de categorización estaba basada en definir un término a partir de *Condiciones Necesarias y Suficientes* (CNS), un modelo cuyas limitaciones se han analizado largamente. Como dice G. Kleiber (1995, p. 33):

> El poder explicativo del modelo CNS se limita esencialmente a la dimensión horizontal, explica la pertenencia de un miembro a una categoría, en relación con otras categorías de las que este miembro no puede formar parte, pero no justifica esta pertenencia con respecto a otras categorías del que este miembro forma parte igualmente.

---

[9] Ver Estany y Martínez (2014). La palabra *affordance* viene del verbo *to afford* pero tiene difícil traducción en castellano por lo que habitualmente se deja en inglés.

La psicóloga cognitiva E. Rosch (1973), distingue entre *dimensión horizontal* (estructuración interna) y *dimensión vertical* (estructuración intercategorial) de las categorías. Actualmente la teoría de los conceptos heredada de Aristóteles está seriamente cuestionada y se cree que debe ser sustituida por una teoría basada en los prototipos. La "teoría de prototipos" es una teoría desarrollada en el marco de la psicología y la lingüística cognitivas que pretende ofrecer un modelo de categorización alternativo al modelo tradicional basado en la lógica aristotélica. Frente a la creencia común de que las categorías son clases homogéneas y discretas, la teoría de prototipos propone una concepción de las mismas como clases heterogéneas y no discretas, en las cuales habría algunos miembros más representativos de la categoría que otros. Los miembros más representativos de cada clase se llaman "prototipos", de ahí el nombre de la teoría.

Los primeros trabajos en teoría de prototipos fueron llevados a cabo por Rosch y su equipo (Rosch et al., 1976). Partieron de los resultados de los estudios de los antropólogos B. Berlin y P. Kay (1969) sobre la categorización de los colores en hablantes de distintas lenguas. Berlin y Kay llegaron a la conclusión de que la manera en que estos individuos categorizaban mentalmente los colores no era arbitraria ni estaba totalmente determinada por su propia lengua sino que se estructuraban en torno a los colores básicos, más claramente diferenciables. Es la posición opuesta al relativismo lingüístico, cuya versión más fuerte es la hipótesis de Sapir-Whorf[10].

Rosch trasladó estas conclusiones al campo de la psicología y comprobó que en la percepción de los colores eran perceptualmente importantes los "focos cromáticos" a los que denominó *prototipos*. A partir de diversos experimentos, llegó a la conclusión de que no todos los ejemplares que un sujeto agrupa en una misma categoría resultan "buenos ejemplos" de dicha categoría, lo que mostraba que en las clases existían miembros más "típicos" que otros y que no era posible definir una categoría por condiciones necesarias y suficientes, como se venía haciendo. El prototipo fue definido por Rosch como el ejemplar más representativo de una categoría, el que más rasgos comparte con el resto de miembros de esta y

---

[10] La hipótesis de Sapir-Whorf fue propuesta por el antropólogo y lingüista Edward Sapir (1884-1939) y por el lingüista Benjamin Lee Whorf (1897-1941) y afirma que la lengua de un hablante determina completamente la forma en que éste conceptualiza, memoriza y clasifica la "realidad" que lo rodea, es decir la lengua determina fuertemente el pensamiento del hablante.

menos con los de otras categorías. A su vez, las categorías no se conciben como clases discretas, es decir, con límites definidos, sino con unos límites difusos, en los que se encontrarían los miembros periféricos de las categorías vecinas, cuya transición sería gradual.

La idea fundamental es que las categorías no están constituidas por miembros "equidistantes" en relación a la categoría que les subsume, sino que incluyen miembros que son más idóneos que otros. Por ejemplo, para la categoría "fruta" las personas interrogadas por Rosch (1973) señalaron la manzana como el ejemplar idóneo y la aceituna como el miembro menos representativo. Entre los dos se encuentra, por orden decreciente en una escala de representatividad, la ciruela, la piña, la fresa y el higo (Kleiber, 1995, págs. 47-48). A partir de la idea de prototipo podemos examinar los diversos sentidos de innovación, invención y descubrimiento, y veremos que unos son más típicos que otros, de la misma forma que mesa y manzana son más típicas de mueble y fruta, respectivamente, que lámpara y dátil, aunque ambos estén en la categoría de mueble y fruta.

A grandes rasgos podemos decir que la idea de descubrimiento se ha atribuido a las ciencias puras o descriptivas cuando se ha abordado su evolución y sus grandes logros. Así, nos referimos al descubrimiento del planeta Halley y al descubrimiento del oxígeno. Cualquiera de estos ejemplos se refiere a ciencias descriptivas en el sentido de que el descubrimiento ha supuesto un mejor conocimiento y explicación del mundo natural y social. En cambio, cuando nos referimos a innovación pensamos en cambios tecnológicos en materia de automoción, salud, energía o comunicación, entre otros ámbitos. Y por lo que se refiere a invención, las ideas inmediatas van desde la invención de la rueda y la escritura hasta la de la imprenta y el teléfono. Vemos que todos los ejemplos, tanto de innovación como de invención, están relacionados con la tecnología a través de la cual se intenta resolver problemas prácticos. En último término, innovación e invención han sido los conceptos que han representado los logros en las ciencias aplicadas o ciencias de diseño.

A partir de la constatación de los sentidos de estos conceptos a lo largo de la historia, podemos concluir que descubrimiento ha sido la categoría con la cual valorar los cambios de las ciencias descriptivas, que incluyen desde la física y la química hasta la sociología, pasando por la biología y la psicología. En cambio, innovación e invención han constituido el punto de referencia para abordar los cambios en las ciencias de diseño, proporcionando indicadores para valorar sus logros.

La idea de progreso merece mención aparte, ya que se ha aplicado tanto a la ciencia pura como a la aplicada. Así pues, nos referimos al progreso de la biología con Darwin por su innovadora capacidad de explicación de la evolución de las especies, a cómo Einstein hizo progresar la física al formular la teoría de la relatividad o al progreso de la psicología con la introducción del método experimental por parte de W. Wundt. Sin embargo, no hay que olvidar que detrás de estos nombres hay muchos otros que hicieron posibles los nuevos conocimientos, ya que la ciencia es siempre una construcción colectiva y el hecho de que haya un nombre que quede en la memoria histórica simplificadora no significa que el trabajo sea aislado; ningún ser humano es una isla. Obsérvese que todos los cambios señalados aquí conllevan un cambio de marco teórico para la disciplina en cuestión que no siempre significa la anulación o invalidación de los marcos teóricos previos, ni mucho menos. Pero también nos podemos referir al progreso que supusieron el transporte ferroviario para los países donde se puso en marcha o la píldora anticonceptiva para la liberación sexual de las mujeres. En realidad, durante todo el siglo XIX y parte del XX, la ciencia ha estado asociada al progreso de la humanidad. Aunque la ciencia también ha proporcionado instrumentos para las guerras, el balance que se hacía era siempre positivo. Fue sobre todo después de la II Guerra Mundial cuando empezó a cuestionarse el nexo entre ciencia y progreso. Las razones de ello son múltiples pero no cabe duda de que acontecimientos como los de Hiroshima y Nagasaki; accidentes ferroviarios como los ocurridos en el estado de Bihas (India, 1981), en Etiopía (1985), Portugal (1985) y en Chile (1986); accidentes en centrales nucleares como Chernóbil (1986) y Fukushima (2011); y catástrofes químicas como la de Bhopal (1984), han contribuido a cuestionar la identificación automática de ciencia y progreso, al menos desde el punto de vista social, y han surgido conceptos como el de los daños colaterales asociados, que parecen inevitables y que generan nuevos retos para intentar soslayarlos en la medida de lo posible.

Obsérvese que este tipo de efectos negativos asociados[11] a la innovación existen de forma similar en los sistemas biológicos, por ejemplo, las células tienen dos formas de morir para permitir el surgimiento de células nuevas, reparaciones celulares y otras mejoras; digamos, por simplificar, que las célu-

---

[11] Nos preguntamos si aparte de consideraciones externas, de tipo ético, de perfección y finalidad, o de otra índole, no es inherente a toda innovación ese efecto de caos (en el sentido científico, que puede suponer un accidente nuclear, con sus efectos devastadores).

las viejas dan paso a las nuevas. Una de esas formas es la apoptosis o muerte programada inherente a la propia célula; la otra forma de muerte celular es la pasiva o accidental, la necrosis, es decir la célula es destruida por procesos ajenos a ella, en los que ella no interviene de forma activa.

En todos estos conceptos subyace la idea de creatividad de forma más o menos directa. La creatividad se atribuye a los individuos que hacen posible la invención, la innovación y el descubrimiento y que, en consecuencia, producen progreso. De entrada podemos decir que la creatividad es un elemento necesario pero no suficiente para que tengan lugar procesos de invención, innovación o descubrimiento. Su estudio y explicación científica nos remiten a las ciencias cognitivas, muy especialmente a la psicología, de las cuales se espera que puedan darnos las claves de lo que a veces se ha denominado "mente creativa".

El análisis conceptual es importante porque clarifica los diversos sentidos de estos conceptos y la manera de tratarlos cuando se aplican en los estudios de caso. De entrada, vemos que hay diferencia entre innovación, invención y descubrimiento, por una parte, y progreso por otra. En el primer caso, el común denominador es el surgimiento de la novedad. En el segundo, aparece una valoración, en principio positiva, de la novedad. Finalmente, está el caso especial de la creatividad que, si bien a veces se considera equivalente a novedad, tiene un componente cognitivo que la distingue de los conceptos anteriores, complementando el estudio global de los cambios en cualquier campo, artístico, científico, técnico, social, etc. El análisis conceptual nos ayuda a delimitar el objeto de estudio de un campo tan complejo como el de la categorización de la novedad.

3. La dinámica científica: lógica de la justificación *versus* lógica del descubrimiento

Los conceptos reseñados (invención, innovación y descubrimiento) constituyen el meollo de la dinámica científica. Son conceptos relacionados con la práctica científica que poseen características comunes, pero también diferencias importantes, al menos si nos atenemos al modo en que se han utilizado y se utilizan, tanto en la historia como en la filosofía de la ciencia.

Abordar la ciencia no solo como producto sino también como proceso implica analizar sus estructuras en un momento determinado tanto como la dinámica de las mismas. Es decir, se trata de estudiar la actividad científica desde todas las perspectivas, teniendo en cuenta los factores que inciden en dicha actividad. Como es sabido, desde la perspectiva del empirismo lógico se consideró que solo era posible la lógica de la justificación, dejando para la psicología la "lógica" del descubrimiento. Como señala H. Reichenbach en *The rise of scientific philosophy* (1951, p. 231):

> El acto de descubrimiento escapa el análisis lógico: no hay reglas lógicas en términos de una "máquina de descubrimiento" que pudiera asumir la función creativa del genio.

En la filosofía de la ciencia de las décadas de los sesenta y setenta, con autores de referencia como T. Kuhn, I. Lakatos, N. Hanson, P. Feyerabend, S. Toulmin y L. Laudan, surgió lo que se ha denominado "enfoque historicista", es decir, la irrupción de la historia en la filosofía de la ciencia. A pesar de sus diferencias, estos autores comparten la tesis de que no solo es posible la lógica de la justificación sino también la del descubrimiento. De hecho, esa lógica o contexto del descubrimiento constituye el objeto de estudio filosófico en el que se centran todos ellos. Como consecuencia, se entabló un debate sobre si puede establecerse una distinción radical entre el contexto de la justificación y el del descubrimiento. Hay que dejar claro que abogar por la lógica del descubrimiento no significa defender la posibilidad de formulación de un algoritmo, sino la explicación e interpretación filosófica de los descubrimientos científicos (Tozzi, 2000).

En las últimas décadas muchos filósofos han cuestionado que no pueda abordarse el contexto del descubrimiento desde la filosofía de la ciencia, al mismo tiempo que consideraban artificial la distinción entre contextos. Tal es el caso de T. Nickles, R. Giere y P. Thagard, entre otros muchos, por lo que podemos decir que actualmente escasos filósofos sostendrían esta distinción ni la imposibilidad de la lógica del descubrimiento, en el sentido de explicar los mecanismos cognitivos y racionales de los procesos de descubrimiento.

Especial atención merece el trabajo de Nickles (2009), uno de los filósofos de la ciencia que ha cuestionado la demarcación radical entre contexto de la justificación y contexto del descubrimiento. Nickles aborda las diversas formas y funciones del método científico que hacen posibles los descubrimientos. A su vez, plantea las distintas posiciones con respecto a dicho método, desde el empirismo lógico hasta el constructivismo social, cuestionando ambas. Es decir, no comparte la tesis de la imposibilidad de una lógica del descubrimiento defendida por la mayoría de los filósofos encuadrados en el empirismo lógico, pero tampoco la tesis de los constructivistas de que no puede hablarse de descubrimiento, sino solo de constructivismo. Para Nickles cualquier innovación significativa puede denominarse "descubrimiento".

R. Gaeta (2000) se refiere a una generación de "amigos del descubrimiento" como alternativa a los empiristas lógicos que negaban la posibilidad del estudio analítico del contexto del descubrimiento. Como dice C. Hidalgo (2000) "la epistemología no ha centrado su análisis en la innovación y el descubrimiento", aunque hay pensadores que sí lo han hecho a partir de buscar patrones y teorías del descubrimiento y de analizar los procesos del surgimiento de las hipótesis científicas. En la misma línea podríamos citar a G. Gutting (1980) que propone poner el énfasis de la reflexión epistemológica en la justificación al descubrimiento. También H. Simon, junto a P. Langley, G. Bradshaw y J. Zytkow en su libro *Scientific discovery: computational exploration of the creative processes* (1987) hacen aportaciones al estudio del descubrimiento desde una base empírica a partir de las ciencias cognitivas, con el fin de proporcionar fundamentos para una teoría normativa que nos permita distinguir los mejores métodos de descubrimiento (Klimovsky y Shuster, 2000, p. 50).

Inmerso en este intento de abordar el descubrimiento científico, ha tenido especial relevancia el "enfoque cognitivo en filosofía de la ciencia", del que Giere ha sido un gran impulsor.[12] En este sentido, Bechtel y Richardson (1993, p. 6) afirman:

> Nuestro enfoque es psicológico en tanto en cuanto enfatiza que el desarrollo teórico es en parte una expresión de estilo cognitivo humano, una consecuencia de las estrategias típicas con las que los humanos se enfrentan a los problemas, y las limitaciones cognitivas que hacen necesarias estas estrategias.

La propuesta de Bechtel y Richardson rompe con la distinción entre descubrimiento y justificación, considerando que ambos están conectados si

---

[12] Ver Giere (1992), donde podemos encontrar trabajos sobre casos históricos desde modelos cognitivos, como es el caso de Nersessian y Chi.

los abordamos desde modelos cognitivos, sin que ello reporte prescindir de la función normativa de la filosofía de la ciencia[13].

4. Imbricación *versus* fusión entre ciencia y tecnología

La imbricación que en la actualidad existe entre la investigación básica, la utilización de ésta por las ciencias de diseño (ciencias que transforman el mundo, como las ingenierías, la medicina, la biblioteconomía, etc.), y la construcción de artefactos (tecnología) para cambiar la realidad quizá serviría para identificar parcialmente nuestra época, aunque no sea el único ni el más importante, y por tanto proporcionaría una visión posiblemente incompleta o sesgada. No es estrictamente un fenómeno nuevo pero sí lo es la celeridad con la que se produce. M. Kranzberg, historiador de la tecnología, señala en *The unity of science-technology* (1967) que pasaron 1700 años desde que la máquina de vapor fuera diseñada en Alejandría hasta que Watt la hizo funcionar, el principio de fotografía tardó en llevarse a la práctica 200 años desde que fue esquematizado por Leonardo, el motor eléctrico tardó 40 años, la energía nuclear 5 años, el transistor 5 años, los plásticos transparentes 2 años y los rayos láser 18 meses. Esto, dice Kranzberg, apoya la tesis de que la asociación de la ciencia (que quiere saber el "porqué") y la tecnología (que quiere saber el "cómo") produce una reacción en cadena de descubrimiento científico e invención tecnológica.[14]

También en el caso de la metodología científica se da un fenómeno parecido. Si bien la historia de la ciencia nos muestra la importancia de los instrumentos y las técnicas para el avance de la ciencia, no cabe duda de que en la actualidad el papel de la tecnología en los campos de investigación punta ha devenido clave para su desarrollo. Los nuevos modelos metodológicos avalados por los avances tecnológicos nos han hecho replantear los criterios epistemológicos que durante siglos parecían inamovibles[15].

---

[13] Laudan, defensor de la naturalización metodológica, no prescinde de la función normativa de la ciencia.
[14] Una tesis que podría ser contestada en el sentido de que la ciencia quiere saber todo, el cómo, el por qué y el cuándo, pero la tecnología también. Posiblemente el énfasis que se ponga en cada pregunta depende de la fase de estudio o trabajo.
[15] En el capítulo sobre innovación epistemológica trataremos esta cuestión en profundidad.

No cabe duda de que estas reflexiones suponen una distinción entre ciencia pura y ciencia aplicada, y entre ciencia y tecnología, que muchos filósofos, sociólogos y científicos no aceptarían (Estany, 2005). Por ejemplo, J. Echeverría (2003) se refiere al concepto de "tecnociencia" para designar la interacción entre ciencia y tecnología. También el enfoque denominado "Ciencia-Técnica-Sociedad" (CTS) constituye una propuesta para abordar dicho fenómeno. Este enfoque podemos considerarlo un paraguas bajo el cual se amparan trabajos y posturas distintas pero con un denominador común que es el analizar la relación entre estos tres fenómenos, aunque en general los trabajos están muy centrados en los factores contextuales (sociales, políticos, éticos, etc.).

Sobre esta cuestión, nuestra postura es que a pesar de que en la práctica la ciencia y su aplicación interaccionan, conceptualmente no solo pueden distinguirse, sino que no hacerlo lleva a la confusión a la hora de tomar decisiones en las que la ciencia tiene un papel importante. Tal como señala N. Roll-Hansen (2009, p. 8): "Esta ambigüedad genera debates confusos, por ejemplo, en relación con los niveles adecuados de financiación o de utilidad social de la inversión en la investigación científica y, finalmente, se toman decisiones poco adecuadas". En este sentido dice: "Parece difícil negar que había una diferencia 'moralmente significativa' entre la investigación de Hahn-Meitner sobre la reacción en cadena del uranio 236 y el proyecto Manhattan de la construcción de una bomba atómica" (Roll-Hansen, 2009, p. 26). Por el contrario, marcar las diferencias puede reportar clarificación para la política de la ciencia: "estas diferencias podrían mejorar las posibilidades de desarrollar una política de la ciencia para servir a la sociedad en su conjunto y no solo a los intereses particulares de determinados grupos, ya sean empresas privadas, movimientos políticos, religiones particulares, la comunidad científica, u otros" (Nils Roll-Hansen, 2009, p. 2).

En consecuencia, tomamos como premisa la distinción conceptual entre ciencia pura y aplicada, a la vez que su convergencia en la práctica científica. Para ello consideramos que el modelo de ciencias de diseño de H. Simon (1996), la reflexión filosófica sobre dichas ciencias de I. Niiniluoto (1993) y la praxiología como ciencia de la acción eficiente desarrollada por T. Kotarbinski (1965) constituyen marcos teóricos idóneos para una aproximación racionalista a la relación entre ciencia pura y aplicada.

En el desarrollo del libro utilizamos tanto la denominación de ciencias puras y aplicadas como la de ciencias descriptivas y de diseño. Sin embargo, hay que señalar que ninguna de las dos nomenclaturas admiten definiciones esencialistas. Otra cuestión sería suponer que esta categorización no es lo bastante buena o no está totalmente contrastada y que habría que explorar otras denominaciones posibles o incluso considerar que la diferencia no existe. Sin embargo, hemos decidido trabajar en esta línea porque la consideramos suficientemente sólida.[16] Las ideas aquí desarrolladas, son en ese sentido coherentes con la clasificación de Niiniluoto porque nos parece adecuada para abordar la ciencia en toda su complejidad.[17]

La polémica estriba, tal vez, en desentrañar si las diferencias entre ciencias puras y descriptivas, por un lado y, por otro, ciencias aplicadas y de diseño, son significativas y en caso afirmativo determinar en qué sentido. La distinción clásica entre ciencia pura y aplicada responde a la de los fundamentos teóricos y su aplicación a resolver problemas prácticos, respectivamente. La denominación introducida por Niiniluoto, a partir del trabajo de Simon, quiere enfatizar la idea de que mientras las ciencias descriptivas, desde la física a la sociología, tienen como objetivo la descripción del mundo natural y social, las ciencias de diseño, desde las ingenierías hasta la medicina y la didactología, tienen como propósito la consecución de un fin práctico, y en último término, de transformar el mundo. Podríamos decir que las ciencias de diseño han surgido de la institucionalización de la aplicación de los conocimientos científicos a un ámbito determinado.

5. Metodología de los estudios de caso

La idea de estudios de caso, popularizada en inglés como *case studies*, fue especialmente clave durante las décadas de los sesenta y setenta con la irrupción de la historia en la filosofía de la ciencia. No es que antes los filósofos no hubieran recurrido a ejemplos de la ciencia para fundamentar sus modelos, sino que a partir de Kuhn y toda la corriente historicista se constituye el

---

[16] Si bien en sentido científico estricto no está validada sin fisuras, o mejor dicho no tiene más que un valor nominal.

[17] A partir de la idea de racionalidad limitada de H. Simon definida como el proceso de decisión de un individuo considerando limitaciones cognoscitivas tanto de conocimiento como de capacidad computacional, podemos decir que la categorización de Niiniluoto es satisfactoria. Si bien es cierto que Simon piensa en el *homo economicus*, también es aplicable al *homo philosophicus*.

estudio de casos de la historia de la ciencia como una forma de análisis filosófico.

En el caso de Kuhn, su estudio de la revolución copernicana le sirvió como inspiración para *La estructura de las revoluciones científicas*. Por tanto, desde Kuhn a Thagard, pasando por Lakatos, Hanson, Toulmin, Laudan y otros muchos han recurrido a casos históricos para sostener sus modelos de cambio científico, no sin críticas por parte de historiadores de la ciencia que consideran que los filósofos utilizan la historia solo para su propia conveniencia. Sea como fuere el hecho es que los estudios de caso constituyen una metodología para la investigación filosófica, lo cual no elude la controversia sobre dicha metodología.

Sin ánimo de entrar a fondo en la polémica vamos a exponer algunas de las posiciones al respecto. J. C. Pitt (2001) *"The dilemma of case studies: toward a Heraclitian philosophy of science"* se pregunta qué supone apelar a los estudios de caso y plantea el siguiente dilema en el resumen del artículo: "Por una parte, si se selecciona el caso porque ejemplifica la tesis filosófica, entonces no está claro que los datos históricos no se hayan manipulado para que encaje con la tesis filosófica. Por otro lado, si se parte de un estudio de caso, no está claro qué podemos concluir, ya que es poco razonable generalizar a partir de un caso o incluso dos o tres". Una de las respuestas es de R. Burian (2002, p. 204): *"The dilemma of case studies resolved: on the usefulness of historical case studies in the philosophy of science"*, y cuestiona que este dilema no tenga solución, considerando que en dominios concretos siempre hay enunciados mejor fundamentados que otros y, al mismo tiempo, que determinadas técnicas o métodos son más fiables que otros. Burian señala que "los estudios de caso se refieren al trabajo que los científicos han llevado a cabo durante un periodo de tiempo limitado y por lo general está restringido a un conjunto determinado de científicos, instituciones, laboratorios, disciplinas o tradiciones".

La idea de someter a refutación las tesis filosóficas de la misma forma que las hipótesis científicas podemos entenderla como "naturalismo metodológico" en el marco del programa naturalista en epistemología y filosofía de la ciencia.[18] Uno de los filósofos que claramente se muestra partidario de este tipo de naturalismo es L. Laudan, quien ha mantenido esta idea desde su libro *Progress and its problems* (1977). Aunque sin referirse expresamente a los estudios de caso, el programa de L. Laudan, expuesto en Donovan, Lau-

---

[18] Ver Estany, 2007, *Eidos* n°6 (2007) págs. 26-61, *El impacto de las ciencias cognitivas en la filosofía de la ciencia*.

dan y Laudan (eds.) (1988), *Scrutinizing science: empirical studies of scientific change*, es una apuesta para que las diferentes tesis sobre el cambio científico se pongan a prueba en el análisis de casos históricos.

Más recientemente, Laudan ha desarrollado esta tesis en su artículo "Naturalismo normativo y el progreso de la filosofía" (1998), argumentando a favor de la similitud estructural de la ciencia y la filosofía. Laudan no acepta una epistemología apriorística por encima de la propia actividad científica, por eso él mismo califica su concepción de naturalista, pero no por ello quiere renunciar al carácter normativo de la filosofía de la ciencia, de aquí su calificación de normativo. En la formulación de estas normas también desempeña un papel importante la historia de la ciencia, que nos proporciona patrones metodológicos que han funcionado en otras situaciones. Veamos algunas de las afirmaciones más significativas de Laudan:

> El naturalismo epistemológico no es tanto una epistemología como una metaepistemología. Básicamente, este naturalismo mantiene que las tesis y las hipótesis de la filosofía deben ser juzgadas según los mismos principios de evaluación que usamos en otras áreas de la vida, tales como la ciencia, el sentido común y el derecho. (Laudan, 1998; en W. González (ed.) 1998, págs. 105-106.

El tema más espinoso para este tipo de naturalismo es cómo salvar la falacia naturalista, es decir, cómo sostener que las tesis filosóficas y las tesis científicas tienen la misma naturaleza, dado que las primeras tienen carácter prescriptivo y las segundas descriptivo. Laudan resume así la tesis de cómo conectar los "reinos" descriptivo y normativo:

> Hay normas epistemológicas que tienen su fundamento en teorías basadas en los hechos. Estas teorías describen cómo conducir la investigación pero, al mismo tiempo, ellas proporcionan apoyo para reglas normativas. Ahora bien, es sin duda verdad que no podemos deducir las normas de los hechos, pero tenemos que recordar, de igual modo, que no podemos deducir las teorías empíricas de los hechos. La no-deducibilidad de enunciados normativos a partir de enunciados empíricos es un hecho que el naturalista necesita aceptar. Pero él puede aceptarlo e insistir todavía en que los hechos tienen una relevancia para las reglas normativas de la epistemología, precisamente en el mismo sentido en que los hechos tienen una relevancia para las teorías científicas. Los anti-naturalistas suponen que, puesto que no podemos derivar las reglas a partir de los he-

chos, debemos tratar tales reglas como convenciones no empíricas. Pero ellos mismos no insisten en que debamos considerar a las teorías científicas como convenciones, aun cuando las teorías, como las reglas, no son deducibles de los fenómenos. El naturalismo no debe tener más temor de cometer la llamada "falacia naturalista" que el temor al problema humano de la inducción (la falacia de la afirmación del consecuente). Por supuesto, las dos son falacias de la lógica formal. Tenemos que reconocerlo. Pero, habiéndolo reconocido, podemos dejarlo a un lado, porque ahora entendemos que las áreas empíricas de investigación —como la ciencia y "como la filosofía"– tienen que usar formas de inferencia y de argumentación que van más allá de las permitidas por los libros de lógica deductiva (Laudan, 1998; en W. González (ed.) 1998, p. 108).

El naturalismo centrado en el aspecto metodológico es muy interesante para la filosofía de la ciencia y se ha tratado, sobre todo, en relación con el papel de la historia en la filosofía de la ciencia. El programa de Laudan (1986 y 1988) de poner a prueba las tesis de los modelos de cambio científico de Kuhn, Lakatos, Hanson y Feyerabend, contrastándolos con casos de la historia de la ciencia, responde a este tipo de naturalismo metodológico.

Desde la perspectiva de la enseñanza de las ciencias hay voces autorizadas que consideran los estudios de caso como claves en el estudio de la historia y filosofía de la ciencia. Por ejemplo, D. Höttecke y F. Rieß (2009) *"Developing and implementing case studies for teaching science with history and philosophy"* señalan en el resumen del artículo "que la enseñanza promueva el desarrollo colaborativo de estudios de caso para la enseñanza y el aprendizaje de la física. Durante un curso de 30 meses se desarrollan, evalúan y refinan los materiales por grupos de trabajo temáticos de investigadores y docentes. Los estudios de casos resultantes promueven actividades contextuales, actividades centradas en el estudiante, e incluyen métodos para reflexionar sobre la naturaleza de la ciencia".

Por todo ello, podemos concluir que los estudios de caso son un punto de referencia para las tesis filosóficas, aunque no supongan un fundamento definitivo. Si bien este libro no es un estudio de caso en el sentido tradicional en que lo utilizaron los autores de la corriente historicista, los ejemplos aportados, tanto de la ciencia actual como de su historia, constituyen elementos significativos para los modelos filosóficos que consideramos más relevantes para abordar fenómenos complejos como la innovación, la invención, el descubrimiento, el progreso y la creatividad en el marco de la ciencia.

Capítulo 2: POLISEMIA DE "DESCUBRIMIENTO", "INVENCIÓN" E "INNOVACIÓN"

La consideración de "descubrimiento", "invención" e "innovación" como conceptos integradores ni elimina la polisemia[1] de los mismos ni es incompatible con ella. La idea de concepto integrador, introducida en el Capítulo 1, es el que engloba sentidos distintos que comparten una serie de características.

En general la filosofía de la ciencia acostumbra a referirse a *descubrimiento* en los cambios que ocurren en las ciencias puras, sin embargo la filosofía de la tecnología suele hacerlo a *innovación* cuando trata los cambios tecnológicos en las ciencias aplicadas. No obstante, dado que los límites entre ciencia pura y aplicada, aunque conceptualmente distinguibles, se difuminan en la práctica real de la ciencia o cuando estamos "manipulando" el mundo, es comprensible que las referencias que encontramos en la literatura sobre estos conceptos no respondan a una clasificación clara y rotunda a modo de una partición matemática como hemos señalado también en el Capítulo 1.

El objetivo de este capítulo es dar un panorama general de los distintos sentidos de estos conceptos, mostrando algunas características comunes que podamos considerar como los elementos integradores de dichos conceptos. Para ello vamos a tener en cuenta cómo las ciencias descriptivas y las ciencias de diseño utilizan estos conceptos. Dado que las ideas de novedad y cambio son centrales en todos estos conceptos, veremos qué pueden decirnos al respecto algunos de los modelos de cambio científico más relevantes del periodo historicista en filosofía de la ciencia. Para este análisis proponemos una aproximación interdisciplinaria o transdisciplinaria a este fenómeno clave y a la vez complejo de nuestra sociedad.

---

[1] Especialmente relevantes son las siguientes obras: *Models of discovery and creativity* (2009) editada por J. Meheus y T. Nickles, y *The international handbook on innovation* (2003), editado por L.V. Shavinina.

1. En busca de descubrimientos

Los cambios en las ciencias descriptivas suponen nuevas teorías que proporcionan mayor y mejor conocimiento y comprensión de los fenómenos estudiados, lo cual implica la detección de descubrimientos, interpretados como progreso del campo en cuestión. Lo primero que se nos plantea es su propia existencia, un asunto que no es baladí ya que los constructivistas sociales niegan la realidad de los descubrimientos. En este sentido F.L. Holmes (2009) es crítico con las posiciones de B. Latour y S. Woolgar (1986, p. 235) para los que los hechos son "construidos", no "descubiertos" en el laboratorio. Holmes tampoco comparte la idea de W. Chen (1992) de que la penicilina sea tratada como algo construida y no como algo descubierto por Alexander Fleming (Chen, 1992, págs. 245-246 y 286-287). Sobre este debate dejamos constancia y asumimos la postura de T. Nickles (2009, p. 175) de aceptar que en la historia de la ciencia hay descubrimientos, lo cual no significa aceptar la verdad de lo que se descubre.

Posiblemente, el sentido más habitual de "descubrimiento" en los estudios históricos y filosóficos sea el de aportar nuevos conocimientos sustantivos.[2] Las referencias a dicho sentido son múltiples y diversas, por lo que nos limitamos a mostrar algunas de ellas. Darden (2009, p. 44) señala que "un descubrimiento científico debe ser visto como un largo proceso que se produce en ciclos de generación, evaluación y revisión", poniendo como ejemplo el descubrimiento de mecanismos en la biología molecular. Así pues, para los filósofos que inciden en la importancia de los mecanismos[3], los descubrimientos consisten en encontrar nuevos mecanismos que expliquen mejor determinados fenómenos. También las referencias de Andersen (2009) a descubrimiento están relacionadas con conocimiento sustantivo nuevo, poniendo como ejemplo "un análisis de las estructuras graduadas de los conceptos involucrados en el descubrimiento de la fisión nuclear con el fin de explicar las reacciones a diversas anomalías y a las diferentes demandas a nuevos descubrimientos" (Andersen, 2009, p. 4). Holmes (2009) considera un ejemplo de descubrimiento la emergencia de una forma soluble de RNA, que Rheinberger (1997) denomina "evento que no tiene precedentes".

---

[2] No vamos a entrar a dilucidar qué se entiende por conocimiento sustantivo. Digamos que es conocimiento con base científica.
[3] Entre los cuales podemos señalar a Bechtel y Richardson (1993), y Machamer, Craver y Darden (2000).

En psicología podemos considerar un descubrimiento el denominado por su propio autor George Miller "el mágico número 7"[4], consistente en trazar los límites de nuestra capacidad para procesar información en la memoria a corto plazo. Miller escribió en 1956 que estaba siendo perseguido por el número 7, el cual se inmiscuía en su mente mientras analizaba información o leía periódicos. Algunas veces la intromisión era más fuerte, otras veces era más suave, pero siempre se trataba del número 7. Según Miller, la memoria a corto plazo tiene una capacidad limitada de almacenamiento que está en 7 más o menos 2, por tanto entre 5 y 9. Quizás sea esta la razón por la cual el número 7 ha tenido tanta importancia en la cultura humana y ha sido tan vital para los dioses. Actualmente los psicólogos cognitivos consideran que la memoria a corto plazo se mueve entre los 4 o 5 "bits" de información más o menos 2 o 3 en función del estado psicológico de la persona.

Las excavaciones realizadas por los arqueólogos suelen terminar con descubrimientos de las formas de vida de pueblos que vivieron hace miles de años. Por ejemplo, en el número de diciembre de 2013 de la revista *Archaeology* se anuncian los "10 descubrimientos del año 2013 más importantes". Cita, entre otros, el cuerpo 'real' de Ricardo III, la ciudad romana Gabii, el castillo de Huarmey en Perú, los petroglifos de norte América y los restos de un barco correspondiente a la 4ª dinastía de Keops, lo cual hace suponer que donde se encontró, Wadi el Jarf en Egipto, debió ser el puerto más antiguo del mundo. La lista de descubrimientos sería interminable ya que, en realidad, abarcaría la historia de las ciencias. Por tanto, los casos aquí reseñados solo sirven para mostrar algunos ejemplos de la idea de descubrimiento y cómo estos han desempeñado un papel clave para el avance del conocimiento.

En general, la idea de descubrimiento se asocia a las ciencias empíricas pero hay autores, como E. Glass (2009), que hablan de descubrimientos matemáticos, vinculándolos al análisis del papel que los experimentos mentales desempeñan en dichos descubrimientos. Glass señala que "los experimentos mentales establecen un fuerte vínculo entre ciencia empírica y matemáticas" (Glass, 2009, p. 58). Del trabajo de Glass podemos concluir que las matemáticas, a pesar de su carácter formal, no son una excepción en recurrir a la idea de descubrimiento para expresar los cambios experimentados

---

[4] Ver el artículo de G. Miller (1956) *"The magical number seven, plus or minus two: some limits on our capacity for processing information"*, Psychological Review, nº 63, págs. 81-97.

a lo largo de su historia interna. En este sentido, P. Amster[5] señala que las matemáticas nos enseñan sobre el mundo "verdades no verdaderas" al igual que el arte. Podemos decir que, a veces, la física teórica se parece mucho a la matemática y que, en otras ocasiones, la usa como una herramienta más. Pero el conocimiento del mundo que proporciona la física a través de las máquinas y los objetos materiales tiene un carácter auténtico, no solo en el sentido más plástico de la expresión, sino en el de que también proporciona conocimiento básico que permite efectuar abstracciones generalizadoras.

Como ejemplos podríamos pensar en algunos conjuntos numéricos, en las geometrías euclídeas, etc. El concepto de geometrías no euclídeas es muy escurridizo a escala humana, pero no en otras escalas, las geometrías no euclídeas se inventaron o se descubrieron a partir del hallazgo de que el postulado de las paralelas, el 5º, no era necesario. Un ejemplo lo constituye la geometría hiperbólica, y la geometría esférica sobre las que se construye la física relativista. Para lo cotidiano, vivimos en un mundo euclídeo, donde la distancia más corta es la línea recta, pero en otras escalas, que constituyen el universo de lo muy grande o el mundo de lo muy pequeño, la geometría euclídea no tiene sentido. Poincaré diría algo como que la geometría euclídea es "una convención no arbitraria" (muy útil para la vida corriente, por cierto). En realidad hay bastantes "razonamientos" matemáticos que proceden de la pura mecánica, aunque la mayoría de las personas conoce el sentido inverso del razonamiento físico, el que va de las matemáticas a la física.

El mundo no es geométrico, en los bosques, playas o llanuras no hay conos truncados, esferas y dodecaedros muy a la vista (a escala humana); sin embargo, nuestros razonamientos matemáticos sobre el mundo son como si este fuera geométrico y estuviera lleno de poliedros y otros objetos de la geometría más abstracta. Sabemos que esto es una simplificación pero que resulta muy útil y se revela muy práctica. La matemática tiene, en este sentido al menos, carácter de interesante invención, que nos ayuda a modelar el mundo para entenderlo, resolver problemas y manipularlo.

A pesar de que el concepto adoptado para los cambios en las ciencias descriptivas es, mayormente, el de descubrimiento, también encontramos autores que se refieren a dichos cambios como innovaciones. Tal es el caso de H.I. Brown (2009) quien alude a los cambios conceptuales como innovación conceptual, a pesar de que los ejemplos que presenta no proceden de las ciencias aplicadas sino de la física (Galileo) y de la química (Proust y Dal-

---

[5] En conversación personal.

ton). Por tanto, en este caso, la utilización del concepto de innovación no tiene que ver con la resolución de problemas prácticos, sino con la aportación de nuevos conocimientos sustantivos. Todo parece indicar que el objetivo de Brown al hablar de cambio conceptual es el de abordar la dinámica científica[6] desde una perspectiva menos rupturista y más gradualista, y considera que "innovación" refleja mejor que "descubrimiento" la idea de cambio gradual.

> Cuando nos acercamos a cambios específicos desde esta perspectiva, vemos claramente que un cambio no es un fenómeno de todo o nada, y que un cambio conceptual radical en un campo es perfectamente compatible con una gran estabilidad. (Brown, 2009, p. 40).

Por su parte, N. Nersessian (2009) utiliza la denominación "innovación conceptual" para referirse a los cambios de conceptos que tienen lugar en algunos de los episodios más importantes de la historia de la física, por tanto, cambios en conocimiento sustantivo. La pregunta que nos podemos hacer es si en Brown y Nersessian hay una intencionalidad en utilizar la idea de innovación en lugar de la de descubrimiento o es simplemente que no ven diferencias relevantes entre estas dos categorías.

La de descubrimiento es también la categoría más utilizada en los estudios de casos históricos por los filósofos del enfoque historicista. El análisis que autores como T. Kuhn, I. Lakatos y L. Laudan, entre otros, hacen de la historia de la ciencia consiste en explicar cómo surgen nuevos conocimientos que den cuenta de fenómenos que hasta el momento o no se conocían o acerca de los cuales se tenía ideas equivocadas. Hay que señalar que las referencias que los autores del arco historicista hacen al término descubrimiento tienen dos sentidos, uno es el contexto del descubrimiento como marco para explicar la dinámica científica y otro son los descubrimientos concretos.

---

[6] La dinámica científica tiene de todo: rupturas, gradaciones, pequeños saltos, recuperación de cosas que quedaron en el camino y que tornan a ser útiles (es decir no es una dinámica lineal, uniforme y fácilmente clasificable, sino bastante plástica y acomodaticia, de ahí su grandeza). Esta es una de las razones por las que es preferible hablar de dinámica científica, porque indica continuidad y no ruptura como parece desprenderse del modelo de Kuhn.

Esto no es óbice para que en los modelos de cambio científico encontremos referencias a "innovación", "invención", "progreso" y "creatividad".[7]

2. Estructura y proceso de la invención

La idea de invención está ligada a la novedad en un ámbito determinado a lo largo de la historia de la humanidad. Una buena muestra de ello la encontramos en el libro de Jérémy Stan (2012), que presenta las 100 invenciones más notables, desde la alfarería 12 000 años antes de J. C. hasta el CD en 1982. Los ejemplos son de lo más variado y abarcan contextos totalmente distintos, podríamos decir que reflejan las vicisitudes de las invenciones a lo largo de los siglos. Hay que señalar que no todos los casos que Stan califica de inventos serían considerados como tales por muchos de los autores aquí referidos. Sin embargo, el elemento común sería la novedad, por lo que podríamos decir que invención es un concepto integrador de lo que ha supuesto cambios para los humanos. A modo de ilustración podemos señalar los siguientes: la agricultura (8000 antes de J.C.), el vino (6000 antes de J.C.), la moneda (siglo VII antes de J.C.), el jabón (2500 antes de J.C.), el cristal (2500 antes de J.C.), la catapulta (399 antes de J.C.), la escritura (3400 antes de J.C.), la música (1600 antes de J.C.), la metalurgia (4000 antes de J.C.) y un largo etcétera. Con estos ejemplos vemos que están incluidos ámbitos muy distintos que van de lo que se consideraría cambios sociales a elementos de la vida cotidiana, pasando por artefactos tecnológicos que inciden en la ciencia, la cultura y el arte. Stan (2012) señala:

> Pero en todos los casos, ningún hallazgo, material, espiritual, técnico o científico, del más bello al más terrible, del más noble al más destructivo, ha surgido *ex nihilo*: ha sido siempre impulsado por el espíritu humano. (Stan, 2012, p. 9).

La idea de descartar cualquier surgimiento *ex nihilo*, nos remite a M. Boden (1990) que cuestiona una visión romántica de la creatividad surgida por inspiración divina. Por el contrario, para Boden, la creatividad es fruto de la experiencia y de los conocimientos tácitos de cada individuo, lo cual no significa que sea automática, sino que todo proceso creativo implica una mente

---

[7] En el Apartado 4 de este capítulo abordamos los conceptos de descubrimiento, invención e innovación desde la perspectiva de los modelos de cambio científico.

que haga la conexión entre dos informaciones o conocimientos, una conexión que no todo el mundo es capaz de hacer a pesar de poseer dichos conocimientos.[8]

Yendo más allá de la ejemplificación de invenciones, es importante abordar su estructura y proceso ya que solo así tendremos una aproximación global a nuestro objeto de estudio. En este sentido es relevante la aportación de W. B. Arthur (2007), quien considera que en la literatura sobre los cambios y novedades, sea en el ámbito que sea, la invención ha sido la menos estudiada. Hace un paralelismo entre la idea de "invención" y las de "conciencia" y "mente", de las que dice que podemos hablar pero casi siempre lo hacemos de forma poco articulada.[9] Su objetivo y la tesis que defiende pueden resumirse en las siguientes palabras:

> Mi propósito es mostrar que la invención tiene una cierta lógica o estructura, y que, efectivamente, esta lógica explica por qué y cómo el proceso varía. Voy a argumentar que la invención es un proceso de vinculación de un propósito o necesidad con un efecto que puede ser explotado para satisfacerla. (Arthur, 2007, p. 275).

Hay que decir que la idea de ligar una necesidad a un efecto o tecnología que haga posible satisfacerla no es exclusiva de Arthur; sin embargo, este autor tiene el mérito de centrar esa conexión en un modelo sobre la invención.[10]

A pesar de contemplar la posibilidad de que otros factores intervengan en un proceso de invención, en su modelo la tecnología es el factor desencadenante. En consecuencia, sus ideas sobre lo que entiende por tecnología son claves para comprender sus teorías sobre la invención. De entrada, define la tecnología como un medio para que los humanos logren un propósito

---

[8] En el capítulo sobre creatividad abordamos el pensamiento de M. Boden.
[9] En estos momentos nadie en filosofía de la mente diría que el estudio de la conciencia y de la mente no se aborde de forma articulada. Otra cuestión es que también conciencia y mente, al igual que invención, son categorías tan amplias que requieren acotar sus sentidos para un estudio riguroso.
[10] Tampoco hace referencia (al menos en este trabajo) a la metodología de diseño, pero el 'concepto base' corresponde a la fase de *concept design* del esquema de McCrory (1974) sobre metodología de diseño.

y considera básico distinguir entre "concepto base" o "principio base" y "fenómeno".[11]

> En la argumentación que sigue, es importante que el lector tenga una clara distinción entre fenómeno y principio. Que la presión del aire cae con la altitud es un fenómeno físico; la idea de utilizar este efecto para medir la altitud constituye un principio. Un fenómeno es simplemente un efecto natural y, como tal, existe independientemente de los seres humanos y de la tecnología (...); no se le atribuye una "utilidad" determinada. En cambio, un principio (como voy a utilizar la palabra) es la idea de la utilización de un fenómeno con algún propósito, y existe en el mundo de los humanos y de cómo estos lo usan. (Arthur, 2007: 277).

En este argumento hay una serie de posicionamientos filosóficos respecto al realismo, a la distinción entre conocimiento y tecnología, entre ciencia y su aplicación que no vamos a discutir aquí, pero que no están lejos de lo que sostenemos a lo largo del libro.

A partir de este marco teórico, Arthur define la invención como el cambio en alguno de los componentes tecnológicos que harán posible satisfacer la necesidad. Pero para que haya invención no es suficiente una mera modificación, sino que debe haber un cambio significativo, en el sentido de que logre el propósito utilizando un principio base diferente del utilizado hasta el momento (Arthur, 2007, p. 278). Éste es el criterio que marca la diferencia entre la mera modificación y la invención. El punto esencial de la invención es la conexión entre una necesidad y un principio que resuelva los problemas que han ido surgiendo.

---

[11] La introducción por parte de Arthur de la idea "principio" como "concepto base" merece una aclaración, ya que hay varios sentidos y, por tanto, maneras de usar la palabra "principio" en física y en ciencia en general. Es decir, los físicos de la escuela continental consideran las leyes de Newton, por ejemplo, como algo acabado en el sentido de que reúnen lo que se sabe del movimiento y todo el conocimiento que se construye se resume en ellas, las leyes de la naturaleza para alcanzar este estatus deben cumplir los principios (hablamos en sentido clásico naturalmente); sin embargo, para los anglosajones la idea tiene carácter dinámico y las leyes de Newton ponen en marcha todo el proceso del conocimiento, es decir, son principios en el sentido de inicio. Las matemáticas nos "tranquilizan" y permiten a unos y otros trabajar con las leyes de Newton obteniendo el mismo resultado, y en la práctica unifican ambas mentalidades en el objetivo final.

Un punto importante para Arthur es la consideración de la invención como un proceso[12] y no como un acontecimiento. En este proceso contempla dos patrones: uno que se inicia por una necesidad y otro que se inicia a partir de un fenómeno. La necesidad puede tener un origen económico, social, militar, en el mercado, etc., aunque también puede responder a necesidades internas al propio proceso. Frente a una necesidad, surgirá algún individuo que intentará resolver el problema y al que llama "originador" en lugar de "inventor", término que considera excéntrico.[13] Trata a dicho originador como una mente individual, pero contempla la posibilidad de que intervengan varios originadores, por tanto, varias "mentes".[14] En realidad, lo que dice puede entenderse que en el proceso de invención pueden intervenir varios agentes, ya que no parece que piense en una "mente colectiva".

En cualquier caso, los principios que darán lugar a la tecnología para cubrir una necesidad nunca surgen *ex nihilo*, sino de una serie de prácticas acumuladas y que, en algún momento, el originador hace la conexión entre un problema y un principio.[15] En cuanto a los elementos que el originador utiliza para la invención tecnológica, Arthur introduce la idea de "funcionalidades" como aquellas acciones u operaciones de que dispone el agente a partir de experiencias, conocimientos, metodologías, etc., y que pone en práctica para resolver un problema.

El otro patrón de la invención es el que se inicia por la sugerencia de un fenómeno, aunque puede pasar tiempo hasta que consiga convertirse en tecnología y resolver un problema. Es lo que llamaríamos "desfase entre la invención y la innovación" que, en términos de Arthur, sería la brecha entre un principio y la capacidad de cubrir una necesidad.

---

[12] En realidad esta idea de proceso no está lejos de la invención de carácter científico para la que en el 99,9 % de las veces constituye un proceso, o al menos tiene un aspecto muy dinámico e inacabado, sujeto a perpetua mejora.

[13] El término inglés es *originator*, que hemos traducido por "originador". No parece relevante las diferencias entre los dos términos (*originator* e *inventor*). Si lo que quiere enfatizar Arthur es que el originador es el que tiene la idea, éste es precisamente el significado de inventor. De todas formas, para la exposición del modelo de Arthur nos atenemos a su terminología.

[14] Aunque no hace referencia a la "cognición distribuida", bien podría tomarse este modelo para abordar los casos en los que intervienen varias "mentes", que para Hutchins serían varios agentes.

[15] Aquí volvemos a encontrarnos con la idea de que la novedad nunca es *ex nihilo*.

Para ejemplificar esta situación, Arthur examina algunos casos como el proyecto Manhattan y el de Fleming, a quien se le atribuye el invento de la penicilina. Respecto al último dice:

> Fleming en 1928 se dio cuenta del efecto que una sustancia dentro de un molde (esporas de *Penicillium notatum*) inhibió el crecimiento de un cultivo de bacterias estafilococos. Pero otros habían observado el fenómeno antes que él - John Tyndall en 1876 y André Gratia en la década de 1920, por ejemplo (Lax, 2005; Clark, 1985). A diferencia de ellos, Fleming articuló claramente un principio de uso y emprendió experimentos sistemáticos para construir un medio terapéutico de ella. (Arthur, 2007, p. 281).

Algunas invenciones pueden tener un recorrido largo y gradual, como en el caso de la energía solar, o una implantación rápida como pueden ser Internet y el móvil.[16] Las razones pueden ser varias, desde la naturaleza de lo inventado a dificultades económicas.

Además del desfase entre el conocimiento científico y su aplicación práctica también puede haber desfase (de hecho lo hay en muchas ocasiones) entre la invención y su realización concreta.[17] Stan aporta casos que muestran el desfase entre invención e innovación, en los cuales las últimas son una evolución de las primeras. Un ejemplo interesante es el de la máquina de escribir, una invención que se intercala entre la escritura a mano y la informática. Se inventó a principios del siglo XVIII, pero no se desarrolló hasta finales del siglo XIX. En 1714 el inglés Henry Mill presentó una patente de máquina de escribir y surgieron diversos prototipos durante la primera mitad del siglo XIX. En 1833 Xavier Progin tuvo la idea de reemplazar el cuadrante por teclas pero hubo que esperar a 1867 para que el impresor americano Christopher Scholes patentara su máquina de escribir (*typewriter*) (Stan, 2012, p. 128).

---

[16] Ver las consideraciones de M. Kranzberg en el Apartado 4 del Capítulo 1.
[17] En el próximo apartado sobre innovación desarrollamos la idea de innovación como realización de la invención.

3. Dimensiones y contextos de la innovación

A pesar de que la categoría "innovación" ha sido y continúa siendo la más habitual para abordar los cambios en las disciplinas aplicadas y tecnológicas, su polisemia no es menor si nos atenemos a los sentidos en los diversos contextos y campos disciplinares. Descartada una definición esencialista, vamos a examinar algunas de las definiciones que se han dado de este concepto y a explorar la posibilidad de encontrar algunas características comunes a los procesos de innovación, que recojan sus principales sentidos.

Al abordar el análisis conceptual de la innovación hay que tener en cuenta que algunas definiciones ponen el énfasis en la distinción entre invención e innovación, en virtud de la cual consideran la invención como un logro y la innovación como la actualización del mismo.[18] Desde esta perspectiva, invención e innovación están relacionadas y constituyen dos fases de un proceso más general cuya consecuencia sería el avance en un campo determinado. Tal es el caso de los ejemplos siguientes:

- *Invención* (creación de una idea nueva) e *Innovación* (primera utilización de una idea nueva), ambas estrechamente relacionadas con la palabra "técnica" (D. Edgerton, 2013, p. 15).
- Invención es un logro e innovación es un actualización (Florida, 1990, en E.G. Carayannis, E. González y J. Wetter, 2003, p. 116).
- Invención es la creación original de nuevos procesos y la que hace posible la innovación, que tiene impacto en procesos sociales, económicos y financieros (Hindle, 1986, en E.G. Carayannis, E. González y J. Wetter, 2003, p. 116).
- Es importante distinguir entre *invención* o generación de una idea original e *innovación* o proyecto de convertirlo en una producción útil (Roberts, 1988, en A.S. Georgsdottir, T.I. Lubart y I. Getz, 2003, p. 184).

---

[18] Hay que tener presente que la caracterización de esta diferencia está pensada para inventos en contextos prácticos. Posiblemente en ámbitos de investigación básica en ciencias puras no se vería de la misma forma. Por ejemplo, no parece que los astrodinámicos (y otros científicos) pudieran estar muy de acuerdo, en el sentido de que a veces la aquí denominada actualización es mucho más difícil de realizar que la propia invención.

Otras definiciones se centran solo en diversos aspectos que tienen en común la generación de elementos nuevos en un contexto determinado. Entre estas podemos señalar las siguientes:

- Innovación es la generación, aceptación e implementación de nuevas ideas, procesos, productos o servicios (L. V. Shavinina y K. L. Seeratan, 2003: 31).
- Innovación es un proceso que genera nuevos productos y métodos, y esboza las actividades incluidas (D. Marinova y J. Phillimore, 2003, p. 44).
- Innovación se define como las acciones originales y creativas orientadas a los problemas previamente no resueltos (J.S. Renzulli, 2003, p. 79).
- La innovación debe entenderse en el marco de la teoría de la innovación estratégica, la cual considera que la innovación está determinada por la estrategia de la empresa (J. Sundbo, 2003, p. 97).
- "Innovación" es una palabra derivada del latín, que significa "introducir algo nuevo en el reino y orden de las cosas existentes" (E.G. Carayannis, E. González y J. Wetter, 2003, p. 115).
- La innovación ocurre cuando los individuos producen soluciones *nuevas* y los miembros relevantes de un campo determinado las adaptan como variación *valiosa* de la práctica cotidiana (J.R. Bailey y C.M. Ford, 2003, p. 248).

Común a estas definiciones está la idea de la utilidad práctica, la resolución de problemas, y de forma explícita o implícita, la conexión con la acción y la aceptación de la innovación por parte del colectivo o sociedad al que va dirigido. Estas características comunes son las que constituirían el concepto integrador de innovación. El énfasis en la utilidad está también en Nickles (2003, p. 59), quien señala que la novedad tiene que ser útil, ya que la innovación es un término que expresa éxito y logro de un objetivo. Esta es una de las razones por las que M. Sintonen (2009) plantea las dificultades de utilizar en las ciencias aplicadas los conceptos con los que caracterizamos los procesos creativos en las ciencias básicas o puras, ya que "la investigación aplicada es la búsqueda del conocimiento, donde el objetivo es, para emplear la caracterización autorizada de la OCDE desde hace unos 30 años, intentar 'aplicar los resultados de la investigación básica o incluso descubrir nuevos conocimientos que puedan tener una aplicación práctica inmediata'" (Sintonen, 2009, p. 215). Por este motivo, son las ciencias de diseño las que mejor enlazan con los procesos de innovación, ya que al tener como objetivo transformar el mundo, una invención que no se actualizara tendría poca trayectoria en cualquier proyecto práctico.

En el mismo sentido, J. S. Renzulli (2003) señala que "los objetivos de la ciencia nos dicen que el objetivo principal es añadir nuevos conocimientos a nuestra comprensión acerca de la condición humana, pero en un campo aplicado también hay un propósito práctico para la definición de los conceptos" (Renzulli, 2003, p. 80). La primera parte de esta frase correspondería a la ciencia pura y es lo que llamamos la aportación de conocimiento sustantivo, la segunda pertenecería a la ciencia aplicada.

Una cuestión a tener en cuenta es dónde se pone el acento a la hora de valorar los factores más determinantes que generan procesos de innovación. Así pues, Marinova y Phillimore (2003) señalan la importancia de la innovación tecnológica, que distinguen de la social, educacional u organizativa. En cambio Sundbo (2003) toma el enfoque sociológico a pesar de que considera que el tema de la innovación es, en parte, económico. Por tanto, el autor apuesta por lo que denomina *strategic reflexivity*, un concepto que puede unificar las explicaciones económicas y sociológicas de la innovación, y señala que hay un elemento de verdad en ambos enfoques, lo que quiere decir que, si bien la estructura social influye mucho en el comportamiento de los individuos, las acciones individuales también determinan la estructura social (Sundbo, 2003, p. 97).

Un contexto en el cual la innovación ha sido ampliamente estudiada es el de las escuelas de negocios y administración de empresas, instituciones muy centradas en el mercado. Un ejemplo de ello lo tenemos en el trabajo de R. G. Cooper (2003) *"Profitable product innovation: the critical success factors"*, dedicado a buscar los factores que hacen que un producto innovador tenga éxito y sea competitivo en el mercado. Los factores de éxito son los que guían la elaboración del proceso. En la Figura 1 pueden verse las distintas fases del proceso, que muestran que el punto de partida es el descubrimiento. Aquí podría interpretarse que son los descubrimientos y, en consecuencia, los nuevos conocimientos sustantivos, los que hacen factibles las innovaciones en las acciones prácticas, en este caso en el ámbito del mercado, una cuestión relevante para la conexión entre descubrimiento e innovación.

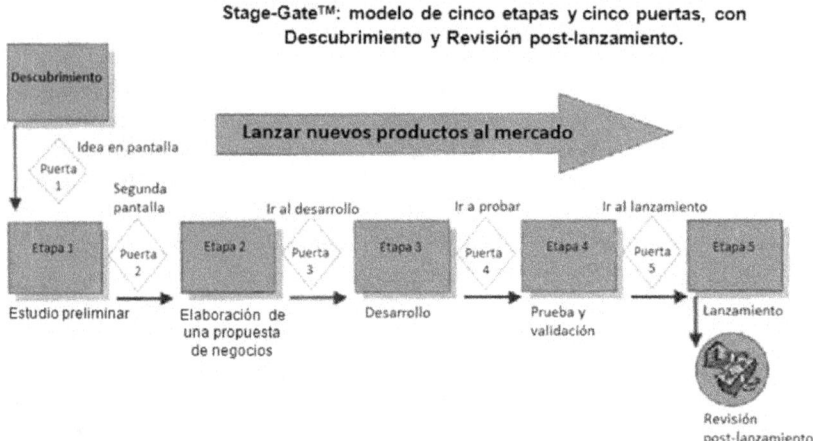

Figura 1. Metodología de innovación de productos, según R. G. Cooper (2003, p. 147).

En esta misma línea T. Rickards (2003) considera que, aunque en un momento determinado la innovación estuvo muy centrada en la tecnología, en la actualidad el mercado está ganando la partida: "Históricamente, la innovación fue durante varias décadas considerada, principalmente, como un fenómeno tecnológico. Estudios posteriores reemplazaron el papel central de la tecnología por el de las fuerzas del mercado. Es decir, el empuje de la tecnología se sustituyó por la demanda del mercado" (Rickards, 2003, p. 1095). Es difícil quitarle importancia a la tecnología pero sí es cierto que, una vez tenemos la tecnología, desde el mundo de la empresa el objetivo es la innovación en la forma de introducir el producto en el mercado.

Otro de los factores a tener en cuenta es la estructura del grupo en la que se dan procesos de innovación. Por ejemplo, P. Werner (2009), en *"A purposeful alliance in the service of creative research"*, defiende que el conocimiento es fruto del "trabajo colectivo" (*collective work*), en el sentido de que descubrimientos e invenciones son el resultado de la colaboración entre los distintos agentes que intervienen en ellos. Para apoyar su tesis analiza un caso histórico de investigación sobre las vitaminas en el que muestra tanto la competición entre los diversos investigadores como la necesidad de colaboración para realizar con éxito los descubrimientos perseguidos. Werner (2009, p. 224) hace referencia a Hagstrom (1965, p. 70), según el cual la competición surge cuando dos o más científicos buscan la prioridad del descubrimiento y, en cambio, la colaboración tiene lugar cuando dichos científicos cooperan para compartir la propiedad del mismo. La conclusión es que, habitualmente, competición y colaboración se alternan a lo largo de las fases de la investigación. Una estructura de grupo que favorezca el trabajo colectivo puede ser tan decisiva en la ciencia pura como aplicada. De hecho, el ejemplo analizado por Werner tiene una parte de investigación básica pero también una parte de aplicación a una alimentación equilibrada en la que no falte ningún nutriente para la salud.

Finalmente, son interesantes las reflexiones de L. R. Vandervert (2003), quien empieza por preguntarse qué elementos son los que producen algo "nuevo" y qué significa algo "útil", dado que la innovación consiste en producir ideas y productos nuevos y útiles. Vandervert señala:

> Hay fuertes dinámicas sociales, mentales y de comportamiento asociadas a la innovación, y estas dinámicas existen en todo el mundo. Las innovaciones se caracterizan en la mayor parte de los casos como soluciones nuevas y útiles. Pero, al mismo tiempo, la innovación debe empezar con nuevos problemas. Y, en sentido amplio, la innovación consiste en algún tipo de movimiento hacia adelante o anticipación del cambio. (Vandervert, 2003, p. 1104).

Vemos que para Vandervert la innovación debe empezar por plantear nuevos problemas, y los factores que pueden ayudar a plantearlos son tanto sociales como mentales. En consecuencia, los procesos innovadores producen circuitos de realimentación entre las necesidades sociales y mentales y las innovaciones.

En este panorama sobre las posibles líneas de aproximación a la innovación, no podemos dejar de mencionar algunas que en lugar de apostar por un factor especialmente influyente en la generación de procesos innovadores, optan por un enfoque global a fin de incluir los principales contextos en los que la innovación tiene lugar. Tal es el caso de las tipologías establecidas por E.G. Carayannis, E. Gonzalez y J. Wetter (2003) y de J. Sternberg, J.E. Pretz y J.C. Kaufman (2003).

Carayannis, Gonzalez y Wetter (2003), conscientes de las diversas formas de aplicación de las innovaciones en función de los contextos, clasifican los problemas a los que se enfrentan las organizaciones, relacionándolos con determinados tipos de innovación. En esta cuestión siguen a Drejer (2002), quien propone tres tipos de problemas, a saber: ingenieril, empresarial y administrativo, que correlacionan con la innovación en el producto, el proceso y la administración, respectivamente. Por su parte, Carayannis (2002) propone una clasificación del concepto de innovación a partir de cuatro dimensiones: proceso, contenido, contexto e impacto.

R. J. Sternberg, J. E. Pretz y J. C. Kaufman (2003) distinguen ocho tipos de innovaciones, denominadas "contribuciones creativas". Sin embargo, hay que señalar que la alusión al concepto de creatividad no se refiere a los procesos psicológicos de los agentes que llevan a cabo la innovación, sino a distintas formas de introducir algún elemento nuevo en un proyecto, organización o contexto ya establecido. Los ocho tipos responden a fenómenos de replicación, redefinición, incrementación, incrementación avanzada, redirección, reconstrucción, reiniciación e integración.

Aunque ninguno de estos autores lo explicite, no parece que consideren estas clasificaciones como particiones matemáticas, dados los matices que hemos visto en este análisis conceptual y la propia complejidad del fenómeno. En todo caso, habría que tomarlas según el modelo de J.C. McKinney (1968) sobre metodología tipológica,[19] que contempla cada tipo entre dos extremos y entre ellos una gama de grises. Otra posibilidad sería ver estos tipos como dimensiones que se dan en mayor o menor grado en todo proceso de innovación. Por tanto, a lo único que podemos aspirar, a modo de conclusión, es a exponer los diferentes sentidos de innovación y la relevancia de considerar la innovación un concepto integrador.

4. Descubrimiento, invención e innovación desde los modelos de cambio científico

En la filosofía de la ciencia la novedad y el cambio han sido abordados por los modelos de cambio científico en un intento de explicar lo que se ha llamado "contexto del descubrimiento" y, en último término, la historia de la ciencia. Los conceptos de descubrimiento, invención e innovación forman parte de los modelos de Kuhn, Lakatos, Laudan, Hanson y Toulmin, entre otros, a la hora de abordar el cambio científico. Vamos a examinar cómo

---

[19] J. McKinney es uno de los introductores de la metodología tipológica en sociología.

estos autores introducen estos conceptos en sus modelos y los sentidos que dan a los mismos.

A lo largo de *La estructura de las revoluciones científicas* de Kuhn hay continuas referencias a los descubrimientos científicos, pero es en el capítulo VI donde desarrolla en profundidad la emergencia de los descubrimientos científicos, como muestran los siguientes textos:

> Debemos preguntarnos ahora cómo tienen lugar los cambios de este tipo, tomando en consideración, primero, los descubrimientos o novedades fácticas, y luego los inventos o novedades teóricas. Sin embargo, muy pronto veremos que esta distinción entre descubrimiento e invento o entre facto y teoría resulta excesivamente artificial. (Kuhn, 1962, págs. 92-93).

> ...el descubrimiento de un tipo nuevo de fenómeno es necesariamente un suceso complejo, que involucra el reconocimiento, tanto de "que" algo existe como de "qué" es. (...) un descubrimiento es un proceso y debe tomar tiempo. (Kuhn, 1962, p. 97).

> El de los rayos X es un caso clásico de descubrimiento que tiene lugar con mayor frecuencia de lo que nos permiten comprender las normas impersonales de la información científica" (Kuhn, 1962, p. 99).

No podemos pasar por alto la distinción que Kuhn hace entre descubrimiento e invento, correspondiente a novedad fáctica y teórica. Relacionar invento con novedad teórica no es lo más habitual pero puede entenderse por lo que dice a continuación, en el sentido de considerar que la distinción entre novedad fáctica y teoría "resulta excesivamente artificial". Todos los casos a los que Kuhn recurre corresponden a conocimiento sustantivo de ciencias puras. Las referencias a instrumentos y tecnología están en función de su papel en el avance de la ciencia.

Las referencias de Lakatos al descubrimiento están ligadas al análisis que hace de las ideas de J. Agassi. Según Lakatos, "Agassi parece aceptar ingenuamente los juicios de valor de la comunidad científica sobre la importancia de descubrimientos fácticos como los de Galvani, Oersted, Priestley, Roentgen y Hertz, pero niega el 'mito' de que constituyeran descubrimientos azarosos (como se decía que fueron los cuatro primeros) o ejemplos confirmadores (como pensó Hertz en principio que era su descubrimiento)" (Lakatos, 1983, p. 142). A partir de aquí, Lakatos se refiere a la diferencia entre un "descubrimiento azaroso en sentido objetivo" que no constituye un ejemplo confirmador ni refutador de alguna teoría que se incluye en el conocimiento objetivo del momento, y "descubrimiento azaroso en sentido subjetivo" si el descubridor no lo realiza (o no lo reconoce) como un ejemplo confirmador o refutador de alguna teoría que él personalmente mantenía en este momento (Lakatos, 1983, p. 143, nota 24).

Lakatos también contempla los "descubrimientos simultáneos", que tienen que ver con la prioridad del descubrimiento. Un ejemplo pertinente es el descubrimiento del oxígeno, atribuido a Lavoisier, pero también Priestley tuvo en sus manos el oxígeno, aunque en este caso sería discutible ya que Priestley lo interpretó en el marco de la teoría del flogisto. Un ejemplo más ajustado a la idea de descubrimiento simultáneo sería el del científico ruso Mikhail V. Lomonosov (1711-1765), profesor de química de Petersburgo, quien descubrió el oxígeno y llegó a resultados muy parecidos a los de Lavoisier, a pesar de que nunca hubo contacto académico ni personal entre ellos.

N.R. Hanson introduce la idea de descubrimiento en el título de uno de los libros más representativos de su propuesta, *Patrones de descubrimiento* (1977). Al mismo tiempo, Hanson defiende la tesis de la carga teórica de la observación, por lo que los descubrimientos dependen de la teoría, como indica el texto siguiente:

> Se han descubierto cosas multiformes como neutrinos (Pauli, 1929), positrones (Dirac, 1932), antiprotones y antineutrones (Segre et al., 1956) al igual que el planeta Plutón (Tombaregh, 1931), cosas todas ellas exigidas por la teoría. El encontrar exige a menudo saber dónde buscar, siendo lo primero una función de lo segundo, siendo el descubrimiento experimental una función de la estrategia teórica. (Hanson, 1977, p. 28).

Si pensamos en las características compartidas por la idea de descubrimiento en las ciencias descriptivas, serían las de aportación de nuevos conocimientos sustantivos que suponen una mayor capacidad de explicación del mundo natural y social. Por tanto, "descubrimiento" integraría una variedad de conceptos para designar nuevos saberes que nos permiten comprender mejor determinados fenómenos que ocurren en nuestro entorno. Hay que tener en cuenta que es posible que en ciertos ámbitos científicos la idea de descubrimiento en ciencia pueda parecer poco adecuada; por ejemplo, a veces decimos que "se ha detectado un nuevo planeta" en lugar de "se ha descubierto un nuevo planeta". De hecho, lo que nos permite saber más son las relaciones que podamos establecer entre determinados fenómenos. Sin embargo, como hemos visto, los filósofos utilizan en algún sentido u otro el concepto de descubrimiento.

El caso de S. Toulmin (1977) es distinto de los de Kuhn y Lakatos en el sentido de que hay referencias a la idea de innovación, algunas en un sentido que otros autores, entre ellos Kuhn y Lakatos, calificarían de descubrimientos. Por ejemplo, se refiere a la innovación en la ciencia, a las condiciones intelectuales y profesionales de la innovación, a los factores sociales de la innovación, así como a la innovación en las diversas ciencias. Veamos algunas de estas referencias:

A. La innovación, donde planteamos qué factores y/o consideraciones llevan a los portadores de una tradición intelectual a proponer modos de avanzar a partir de la posición aceptada (Toulmin, 1977, p. 132).
B. ….en cualquier momento dado, hay suficiente cantidad de hombres con inventiva y curiosidad naturales para mantener un flujo de innovaciones o "variantes conceptuales" (Toulmin, 1977, p. 150).
C. Los conceptos "bien establecidos" forman una base, sobre la cual se discuten los problemas no resueltos, brindando así ocasión para introducir innovaciones en los pocos conceptos activamente cuestionables (Toulmin, 1977, p. 209).
D. Así, el foro de competición dentro del cual es posible la innovación efectiva exige que una disciplina esté organizada profesionalmente de modo que permita a las nuevas ideas de los individuos ser evaluadas en relación con un conjunto colectivo de ideales explicativos (Toulmin, 1977, p. 217).
E. En todos los casos, los tipos y la cantidad de innovaciones intelectuales que se hallan en cualquier cultura o época reflejan la acción combinada de esos dos filtros separados, y la tasa de innovaciones intelectuales que se encuentra en cualquier campo y "milieu" no puede ser explicada cabalmente en términos de consideraciones sociales solamente ni intelectuales solamente. (Toulmin, 1977, p. 227).

Vemos que Toulmin toma el concepto de innovación para indicar cualquier novedad o cambio en la práctica científica, que va desde cambios en el conocimiento sustantivo (citas A, B y C), novedades epistemológicas (cita D) hasta cambios en la organización social de la ciencia (cita E). Para Toulmin, innovación integra cualquier cambio en los conceptos científicos, en los criterios epistémicos y en las formas de organización de las comunidades científicas.

En el modelo de Laudan el concepto de descubrimiento no forma parte de su tesis principal, centrada en la resolución de problemas empíricos y conceptuales. Esto no significa que Laudan no esté interesado en la filosofía del descubrimiento, como queda patente en su artículo "*Why was the logic of discovery abandoned?*", en el que distingue entre una concepción estrecha de descubrimiento en el sentido del "momento eureka", es decir, el momento en el que surge una nueva idea, y la lógica del descubrimiento como un conjunto de reglas o principios, de acuerdo con los cuales se pueden generar nuevos descubrimientos (Laudan, 1980, p. 174, en Nickles, 1980).[20]

4.1 ¿Revolución o evolución?

A partir de la obra de Kuhn (1962) *La estructura de las revoluciones científicas*, cualquier cambio en un ámbito determinado puede ser interpretado desde el modelo kuhniano. Siempre es un referente aunque no se adecue exactamente a los cambios estudiados. Las revoluciones científicas, según Kuhn, conllevan nuevos métodos, instrumentos de análisis, valores y una nueva cosmovisión desde la cual interpretar la realidad. Por todo ello, el modelo kuhniano es rupturista, aunque a partir de la Posdata de 1969 y otros escritos posteriores Kuhn habla de "micro-revoluciones" para poder abordar la evolución y dinámica científica. De hecho, una de las críticas a Kuhn es que, aunque hay revoluciones científicas que encajan con el modelo kuhniano, sobre todo si comparamos dos fotos fijas en dos momentos determinados, la historia de la ciencia tiene muchos más matices, como han demostrado historiadores y filósofos.

El asunto es si podemos interpretar las innovaciones como cambios de paradigma. En sentido estricto, posiblemente a muy pocas innovaciones

---

[20] T. Nickles (ed.) (1980) *Scientific discovery, logic and rationality*. D. Reidel Publishing Company.

podríamos aplicarles el modelo kuhniano ya que estas no acostumbran a hacer tabla rasa de todo lo anterior, por tanto, en ningún caso prevaldría la tesis de la inconmensurabilidad.[21] Sin embargo, hay que decir que muchas veces el modelo kuhniano se ha aplicado en sentido laxo, como una heurística para comprender cualquier tipo de cambio. Así, una invención y su puesta en marcha constituirían la instauración de un nuevo paradigma, al que seguiría un periodo de estabilidad desarrollando y adecuando la innovación en diversos contextos, periodo que sería equivalente al de ciencia normal en la práctica científica, hasta que nuevos inventos y descubrimientos harían posibles innovaciones provocando cambios, y a continuación una fase de estabilidad. Sin embargo, no podemos olvidar que el modelo kuhniano es fundamentalmente rupturista, lo cual constituye una dificultad para aplicarlo a los procesos de innovación en general.

De los autores a los que aquí hemos hecho referencia, no todos son rupturistas e incluso algunos admiten cambios evolutivos. Si nos atenemos al equivalente de paradigma, en el caso de Lakatos tenemos los programas de investigación que prevén que puedan evolucionar antes de ser sustituidos por otro. Toulmin basa el cambio en la evolución de los conceptos a través del tiempo, una idea que se ajusta a la mayoría de los procesos de innovación. El modelo de Laudan parte de las "tradiciones de investigación" en las que incluye los problemas empíricos y conceptuales, las teorías que van a resolverlos, la ontología y la metodología. Lo relevante por lo que hace al caso de ruptura o evolución es que Laudan admite que se puede cambiar alguno de los elementos de las tradiciones de investigación sin necesidad de que cambien todos y, en consecuencia, continuar en la misma tradición de investigación. Es cierto que todos estos modelos están pensados para los cambios en las disciplinas científicas y que todos los ejemplos proceden de la historia de la ciencia, pero esto no impide que algunos puedan ser más adecuados que otros para aplicarlos a las innovaciones tecnológicas y a los cambios en las ciencias de diseño.

Por tanto, parece lógico que hayan surgido propuestas que, de entrada, intenten ajustarse a las especiales características de los procesos de innova-

---

[21] La tesis de la inconmensurabilidad dice que no hay valores transparadigmáticos con los que evaluar dos paradigmas consecutivos. Esta tesis ha sido una de las fuentes de crítica a Kuhn porque implica cierta dificultad para sostener la objetividad de la ciencia. Hay que decir que en escritos posteriores, sobre todo en *The essential tension* (1977) modera dicha tesis.

ción, tal como señala B. Leveaupin[22], comentando la obra de N. Alter (2000), de que dichos procesos se desarrollan en varias secuencias, a saber: incitación, apropiación e institucionalización. Para dar cuenta de las diferencias entre los cambios rupturistas y graduales Alter (2000) propone la idea de "innovación ordinaria" y establece la distinción entre "cambio" (*changement*) y "movimiento" (*mouvement*). Considera que la concepción clásica corresponde a una comparación entre dos estados en que hay un antes y un después:

> Un estado de tipo B sucede a un estado de tipo A, como la estructura de la sociedad industrial ha sucedido a la sociedad rural, como un régimen democrático puede suceder a un régimen totalitario, o a la inversa. (Alter, 2000, p. 164).

Pero, según Alter, esto no es lo que suele ocurrir en cualquier institución, ámbito o contexto actual, más bien lo que encontramos es el movimiento cuyos componentes son heterogéneos, por lo que el análisis de la innovación nos conduce a ver toda organización como un conjunto de movimientos, ya que no hay estados totalmente estables sino que "el movimiento, el paso entre dos estados, deviene la situación común de la organización, la de los procesos creativos" (Alter, 2000, p. 173). Y, finalmente, esta situación nos lleva al concepto de "trayectoria" porque permite comprender mejor la idea de movimiento, ya que "representa la sucesión infinita de acciones que tienden a deformar los cuadros organizativos establecidos, y a construir de nuevos" (Alter, 2000, p. 176). Por tanto, las ideas de movimiento y trayectoria son mucho más adecuadas para captar los procesos de innovación que la idea de cambio rupturista en el sentido kuhniano. Lo cual no es óbice para que haya innovaciones que supongan cambios drásticos en un ámbito determinado y que se asemejen a la idea de revolución científica de Kuhn.

Una de las cuestiones importantes en un proceso de cambio es la toma de decisiones, es decir, frente a una teoría, forma de organización, tecnología, etc., la propuesta de cambio supone unos criterios de evaluación y la apuesta por la novedad elegida. En consecuencia, como señala Alter, las decisiones en un proceso de innovación serán siempre de "racionalidad limitada", en el sentido desarrollado por H. Simon, precisamente porque, como tanto las causas como las consecuencias son multifactoriales, no vamos a

---

[22] Ver http://www.cnam.fr/lipsor/dso/articles/fiche/alter.html.

tener un algoritmo que nos proporcione una única solución lógica frente a diversas variables y criterios.

Entre los indicadores de la actividad económica de una empresa, Alter (2000, págs. 244-246) señala la eficacia, la eficiencia y la efectividad, todos ellos importantes, aunque a veces no es posible mantenerlos en el mismo grado. Tenemos un caso parecido cuando debemos decidir entre dos teorías científicas y la decisión de apostar por una u otra depende a veces del criterio epistémico que prioricemos, por caso, su simplicidad, su capacidad predictiva o su poder heurístico, entre otros. Es decir, nos encontramos con una variedad de valores y criterios que, aunque lo hacen por separado, intervienen todos en los procesos de innovación, y cuya priorización puede cambiar el curso de esos procesos.

En el marco de la racionalidad limitada, Alter revisa el *modèle de la poubelle*[23], desarrollado por Cohen, March y Olsen (1972), como análisis crítico de la teoría de la acción racional aplicado a las organizaciones a partir de los estudios de las universidades norteamericanas. Es lo que estos autores denominan "anarquías organizadas", en el sentido de organizaciones sin una dirección claramente identificable. Está claro que la calificación de "papelera" o, más aún, "cubo de basura" es provocadora, pero se quiere dar a entender un tipo de gestión de las organizaciones en la que los problemas y las soluciones ideadas por los agentes de la organización se ponen en una caja (o papelera) a fin de escoger la más adecuada e innovadora para la situación a la que se enfrentan (Alter, 2000, p. 70).

Otra perspectiva de cambio en las innovaciones procede del modelo de M.F. Peschl y T. Fundneider (2008), a partir del diseño de varias estrategias: reaccionar a los cambios, reestructurar el contexto existente y adaptarlo a los nuevos patrones, rediseñar la estrategia para hacer frente al cambio y asumir las nuevas perspectivas, ver si la nueva estrategia requiere cuestionar los supuestos básicos, y regenerar y redefinir el núcleo teórico sobre el que se sustenta el modelo que queremos cambiar (Peschl y Fundneider, 2008, págs. 6-7). En función de la profundidad de los cambios tendríamos procesos de innovación "incremental": "La innovación incremental se caracteriza por cambios menores y optimizaciones que no toque los conceptos subyacentes, en cambio la innovación radical se basa en un conjunto de diferentes principios científicos de ingeniería, que con frecuencia abre nuevos mercados y aplicaciones potenciales" (Peschl y Fundneider, 2008, p. 4). Esta idea po-

---

[23] El modelo "de la papelera" o "del cubo de basura".

dríamos compararla con el modelo lakatosiano. Los programas de investigación están formados por un centro firme y un cinturón protector que incluye las heurísticas positiva y negativa, las teorías, etc. Para que cambie un programa de investigación tiene que cambiar el centro firme, mientras este se mantenga, aunque varíe alguno de los elementos del cinturón protector, el programa de investigación se mantiene. Lo que dicen Peschl y Fundneider es que mientras "no se toquen los conceptos subyacentes" estaremos en una situación de innovación incremental y que en el caso de que dichos conceptos cambien tendremos innovación radical. En último término, evolución *versus* revolución en los procesos de innovación.

Este modelo de cambio está centrado en la idea de "innovación emergente", un enfoque que ve la innovación como un proceso socio-epistemológico con perspectiva de futuro en lugar de repetir, adaptar y extrapolar patrones del pasado (Peschl y Fundneider, 2008, p. 8). La idea central de la innovación emergente está en que las cualidades del sistema no pueden reducirse a la suma de sus componentes, sino que las características emergen de la interacción entre dichos componentes. Dichas características pueden resumirse en las siguientes:

> Los nuevos conocimientos no son el resultado de los procesos de análisis sino que se entienden como un fenómeno emergente; se desarrollan desde dentro, es decir, lo que emerge ya está presente pero la innovación consiste en activar sus potencialidades; las restricciones marcan las posibilidades, es decir, no todo es posible; y finalmente, es un proceso altamente social en el que la dimensión colectiva realiza un papel crucial, es decir, el nuevo conocimiento surge de la interacción entre un grupo de individuos en un proceso socio-epistemológico estructurado de interacciones y limitaciones (Peschl y Fundneider, 2008, págs. 8-9).

Este enfoque contiene una serie de elementos que se adecuan bien al marco interdisciplinario de la innovación. Por un lado, recoge diversas dimensiones del fenómeno y, por otro, enlaza la vertiente social con la vertiente epistemológica.

5. El factor social en los procesos de innovación

En el análisis de los conceptos examinados el factor social ha sido abordado desde distintos ámbitos, pero sin plantearlo como un objeto de estudio independiente de la innovación en general, sino estudiando el impacto sobre el contexto social de las innovaciones o cómo los factores sociales influyen en los procesos de innovación. Como hemos podido comprobar, en cualquier proceso de innovación intervienen factores que bien podemos considerar sociales. Es más, el elemento social está presente en todos ellos en mayor o menor medida. Sin embargo, últimamente han surgido determinados enfoques en los que la innovación social constituye un objeto de estudio que no solo tiene características propias sino también modelos teóricos distintos de los propuestos para la innovación en general. Este enfoque plantea una serie de cuestiones que van más allá del impacto de las innovaciones en la sociedad y de la importancia de lo social para los procesos de innovación.

Antes de entrar en lo que se ha venido denominando "innovación social", querríamos hacer una reflexión sobre la calificación de "social" atribuida a muchos fenómenos actuales, desde los "estudios sociales de la ciencia" y la "epistemología social" hasta la "psicología social" y la "epidemiología social". Los trabajos sobre "innovación social" estarían en esta línea. La pregunta es cómo interpretar esa calificación de "social", es decir, qué añade esta cualificación a la conceptualización del fenómeno estudiado. En principio, debería significar que se trata de estudiar los factores sociales que intervienen en el fenómeno, actividad o disciplina que se intenta analizar. El problema es que a veces la introducción de lo social se convierte en un reduccionismo social. Una muestra de ello es que algunas revistas surgidas en la década de los setenta, por ejemplo *Science Studies*, con el objetivo de abordar la ciencia desde todos los puntos de vista, se convirtieron más tarde en *Social Science Studies* o *Science & Technology Studies*, centradas en los temas de sociología de la ciencia y de la tecnología. Estas revistas no solo introdujeron el factor social en sus análisis sino que, explícita o implícitamente, se limitaron a dicho factor, cayendo en el mismo reduccionismo que tanto habían criticado cuando la filosofía estaba centrada casi exclusivamente en los factores epistemológicos. Sin embargo, también podemos encontrar interpretaciones no reduccionistas, como es el caso de las aportaciones de A. Goldman (1999, 2004) sobre epistemología social, así como determinadas líneas de investigación en psicología social y epidemiología social.

Hechas estas consideraciones, vamos a examinar qué se entiende por innovación social a diferencia de la innovación sin calificativos, porque si lo que queremos decir es que toda la innovación es social porque los factores sociales intervienen en todo proceso de innovación, la idea puede acabar siendo trivial. La razón de ello es que la innovación, como la mayoría de las actividades humanas, no se realiza en solitario sino en un contexto social.

Por innovación social propiamente dicha podemos referirnos a diferentes cuestiones, entre las que destacamos las siguientes: cambios en las instituciones, cambios en las formas de vida, modificaciones en las estructuras gubernamentales y políticas, cambios en el intercambio comercial, las consecuencias de determinadas innovaciones científicas y tecnológicas en la sociedad, y el estudio sociológico de los cambios producidos por las innovaciones en un ámbito determinado. Como veremos en las aportaciones de algunos autores, estas cuestiones afloran en los trabajos sobre innovación social, sin necesidad de que se especifique exactamente a cuál se refiere. En general, al examinar los trabajos sobre innovación social, la impresión es que a lo que se refieren estos autores es a los cambios, reformas y revoluciones sociales estudiados por los sociólogos e historiadores. La decisión de tomar el término "innovación" va con el signo de los tiempos de llamar "innovaciones" a las novedades, sea en el campo que sea.

Entre los numerosos autores que han abordado de forma específica las innovaciones sociales están J. von Howaldt y M. Schwarz (2010), quienes consideran que estas son tan necesarias como las tecnológicas. Como prueba de ello, señalan el informe de Dennis Meadows sobre *Los límites del crecimiento* a raíz de una conferencia de Naciones Unidas celebrada en Estocolmo en 1972[24], las discusiones sobre medio ambiente y desarrollo de Río de Janeiro, en 1992, que dieron lugar a la "Agenda 21"; la creación del *Zentrum für soziale Innovation* de Viena, en 1990; o el *Centre de recherche sur innovations sociales* (CRISES), de Montreal. Una serie de centros y eventos surgidos con el obje-

---

[24] El precursor del Informe Meadows es el "Club de Roma", fundado el año 1968 en Roma, cuando se reunieron 35 personalidades de un total de 30 países, entre ellos científicos, investigadores y gente de la política preocupados por los cambios medioambientales que están afectando a la sociedad y al planeta. Se constituyen como asociación dos años más tarde, con el objetivo de investigar sobre la problemática ambiental e interrelacionar los distintos aspectos demográficos, energéticos y alimentarios entre otros, con los aspectos políticos pensando en los siguientes 50 años.

tivo de promover las reformas sociales necesarias para los problemas del mundo actual y que la tecnología por sí misma no puede resolver.

Howaldt y Schwarz (2010) señalan cinco "innovaciones básicas" desde el comienzo de la edad industrial: la energía de vapor y la industria textil, el acero y los ferrocarriles, la química y la energía eléctrica, la industria petroquímica y los coches, las tecnologías de la información y la comunicación (Howaldt y Schwarz, 2010, p. iii). Los autores caracterizan el paradigma clásico del enfoque sociológico de la innovación en los términos siguientes:

> Los elementos centrales de una comprensión sociológica de la innovación podría resumirse así: el carácter sistemático y social de la innovación que se puede reducir a la innovación técnica y organizativa; aspectos de complejidad, riesgo y reflexión; incompatibilidad con la planificación y capacidad de gestión limitada; una creciente variedad y heterogeneidad de los agentes implicados; trayectoria no lineal, así como un alto grado de contingencia en el contexto y la interacción. También las innovaciones técnicas y sociales se consideran estrechamente relacionadas y solo pueden ser captadas por completo en su interacción entre ellas (cf. Braun-Thürmann, 2005, págs. 27 yss. y Rammert, 1997, p. 3). (Howaldt y Schwarz, 2010, p. 14).

Por todo ello, Howaldt y Schwarz consideran que la transición de una sociedad industrial a otra del conocimiento requiere un cambio de paradigma en el sistema de innovación, para lo cual toman como referencia la idea de paradigma de Kuhn. Si bien previamente la innovación estaba dirigida a los avances en las ciencias naturales, la innovación social ganará importancia a causa de la aceleración del cambio y el impacto en la sociedad.

Entre el paradigma clásico y el nuevo paradigma hay un cambio de punto de referencia y un cambio de peso de los diversos factores que intervienen. La pregunta clave es qué hace que una innovación devenga una innovación social. Howaldt y Schwarz dicen lo siguiente:

> Una innovación es, por tanto, social, en la medida en que, transmitida a través del mercado o "no/sin fines de lucro", está socialmente aceptada y difundida ampliamente a toda la sociedad o en ciertas sub-áreas de la sociedad, transformadas en función de las circunstancias y, en última instan-

cia, institucionalizada como nueva práctica social. (Howaldt y Schwarz, 2010, p. 21).

A partir de esta definición nos podemos preguntar qué innovaciones no serían sociales. De hecho, cualquier innovación, por el mero hecho de serlo, cumple el requisito de Howaldt y Schwarz, ya que si no tiene ninguna utilidad o no se introduce en el mercado, no se difunde y no se institucionaliza, lo que tendríamos es una invención que no ha devenido innovación. Incidiendo en la caracterización de la innovación social, Brooks distingue entre innovación técnica (nuevos materiales), socio-técnica (infraestructuras para el transporte) y social (mercados, administración, instituciones) (Brooks, 1982; en Howaldt y Schwarz, 2010). Sin embargo, estos tipos parecen ser diferentes dimensiones de la innovación social antes que una clasificación, ya que si nos atenemos a lo dicho por Howaldt y Schwarz, las innovaciones técnicas y socio-técnicas también podrían ser consideradas sociales si se introducen en los mercados y se difunden en la sociedad.

La insistencia en el mercado abre la puerta a una línea sobre la innovación centrada en el mundo empresarial y en los cambios de estructura y organización, que también puede considerarse un ejemplo de innovación social. En este sentido, el libro editado por T. Lockwood (2009) sobre *design thinking*[25] hace especial hincapié en las marcas comerciales en general. En concreto, H.M.A. Fraser (2009)[26] aborda las formas más efectivas de organización empresarial, proponiendo un modelo que tome como metáfora el organismo vivo y combinando tres factores claves: cabeza, corazón y estómago, en referencia a tener en cuenta tanto lo funcional como lo emocional.

La centralidad del mercado en algunos de los enfoques como los que acabamos de ver muestra la importancia que la innovación ha tenido en el ámbito de las organizaciones empresariales. Una característica que no es extensiva a todas las ciencias de diseño que por su propia configuración tienen un perfil práctico. Mucho menos en las innovaciones científicas en investigación básica, las cuales no siempre tienen un impacto directo en el mercado, por ejemplo, en el campo de la astronáutica (y seguramente en otros campos) hay innovaciones en los métodos de trabajo muy específicos que no tienen una traducción en términos de mercado, al menos de forma directa o inmediata.

---

[25] Ver Apartado 5 del Capítulo 3 para la idea de *design thinking*.
[26] Capítulo 4, "*Designing business: new models for success*", en Lockwood (2009).

En esta delimitación de la innovación social como objeto de estudio está, por un lado, su relación con la innovación en general y, por otro, su conexión con el cambio social. Así pues, Howaldt y Schwarz (2010) hacen referencia a los trabajos de diferentes autores que se han ocupado de la innovación social, por ejemplo, las aportaciones de Moulaert et al. (2005), que abordan la innovación social como un tipo separado de innovación a fin de que sean más accesibles las investigaciones empíricas. Estos autores identifican cuatro campos de investigación en los que el concepto de innovación social deviene un objeto de investigación en las ciencias sociales, especialmente en campos como los negocios, la creatividad y los procesos de desarrollo local y regional (Howaldt y Schwarz, 2010, p. 36). Bienzeisler et al. (2010), por su parte, consideran importante la distinción analítica entre innovación técnica y social, aunque en la práctica resulte difícil separarlas. Por tanto, podríamos decir que hay una distinción conceptual y una convergencia en la práctica (Bienzeisler et al. 2010, p. 12; en Howaldt y Schwarz, 2010, p. 36). También J. Echeverría (2008) ha estudiado la idea de "innovación social".[27]

Como conclusión, abogando por su tesis, Howaldt y Schwarz (2010) señalan lo siguiente:

> Una mirada a la política de innovación en Europa apoya nuestra tesis de que hay un cambio de paradigma en el que la investigación en innovación ha hecho una gran contribución a las ciencias sociales (Howaldt y Schwarz, 2010: 57).

En cualquier caso, caben muy pocas dudas acerca de la contribución de las ciencias sociales en el estudio del impacto que las innovaciones, sean del tipo que sean, han tenido en la sociedad. Pero la conclusión a la que llegan Howaldt y Schwarz es que la investigación de los procesos de innovación también ha tenido un impacto positivo sobre las ciencias sociales.

Lo que nos muestra el análisis de la innovación es un fenómeno complejo en el que inciden múltiples factores y que tiene lugar en ámbitos muy diferentes, desde el arte hasta la tecnología. La conclusión es que el enfoque inter-trans-disciplinario parece el más adecuado para abordar ese fenómeno. Esto no significa que no estén justificados los estudios parciales y acotados a

---

[27] Además, Echeverría ha trabajado sobre la intervención del usuario en los procesos de innovación, por lo que abordamos sus principales aportaciones en el Capítulo 3.

un campo o a un aspecto concreto, pero si queremos una visión global a la hora de tomar decisiones prácticas, habrá que tener en cuenta los elementos relevantes respectivos.

Hay que decir también que todo lo relacionado con los factores sociales está íntimamente relacionado con los valores y, en último término, con la idea de progreso, una cuestión que abordamos extensamente en Capítulo 6.

Capítulo 3: LA INTERVENCIÓN DEL USUARIO EN LA INVENCIÓN Y LA INNOVACIÓN

Desde una perspectiva histórica, la relación entre usuarios e innovación ha pasado por diversas etapas. Primero predominó el modelo schumpeteriano, en el que los sistemas de innovación recaen exclusivamente en la organización. En una segunda etapa se incorporaron las universidades y centros tecnológicos, aportando nuevas perspectivas. Finalmente, en una tercera etapa el propio cliente empieza a intervenir en el sistema de innovación; este hecho conforma lo que se denomina "innovación abierta" y suscita el interés de algunos autores que intentan desarrollar modelos óptimos de aproximación del cliente a dicho proceso, cada uno con sus características y peculiaridades (Robledo, Sánchez Fuente y Cilleruelo Carrasco, 2010, p. 1441). Un ejemplo muy actual de innovación abierta es el que supone pasar del software manufacturado al software de usuario y, con ello, al nacimiento del software libre que incluye la innovación por parte del usuario, como en los casos de las plataformas científicas, los programas *ad hoc* de científicos y técnicos, etc.

Abordamos la intervención del usuario teniendo presente el análisis y las consideraciones del capítulo anterior, en el que hemos puesto de manifiesto que la innovación viene a ser la actualización y la puesta en marcha de la invención (o de lo inventado). Sin embargo, somos conscientes de que muchas veces se habla de invención e innovación indistintamente, incluyendo tanto la fase de la producción de algo nuevo como la de su implantación, lo cual produce diferentes perspectivas a la hora de valorar la intervención del usuario. Si bien hay un denominador común en relación con la importancia de su papel en los procesos de innovación, su comprensión se puede enfocar desde perspectivas distintas que no tienen por qué verse como si fueran contrapuestas, sino que pueden considerarse complementarias.

Un primer paso en el análisis del papel que desempeñan los usuarios en los procesos de invención e innovación consiste en distinguir dos modos de intervención: como sujetos activos y como sujetos pasivos. A su vez, la intervención podría darse bien en la invención, bien en la innovación, o en ambas. La intervención activa en los procesos de invención tiene lugar, fundamentalmente, en situaciones en las cuales los usuarios son quienes tienen los conocimientos necesarios para la creación de una novedad y, por tanto, pueden intervenir como sujetos activos en la actualización de esta invención, es decir, en los procesos de innovación. También es importante la intervención del usuario como sujeto pasivo, en tanto en cuanto acepta y adopta esas innovaciones, integrándolas en su vida y constituyendo correas de transmisión hacia la sociedad. Se trata, pues, de analizar las diferentes formas de relación de las invenciones e innovaciones con los usuarios y, en especial, algunos de los modelos teóricos más representativos sobre esta cuestión.

1. El usuario como sujeto de la historia global de la técnica

Todo fenómeno puede abordarse desde una perspectiva histórica, o bien desde el estado de la cuestión actual. La relación entre la historia de la ciencia y los modelos de ciencia actuales se ha convertido en un clásico en la filosofía de la ciencia. Fue uno de los debates centrales durante las décadas de los sesenta y setenta a raíz de la publicación de *La estructura de las revoluciones científicas* de T. Kuhn en 1962, en el cual se planteaba hasta qué punto la historia de la ciencia debería influir, condicionar o determinar los principios metodológicos y epistemológicos de la ciencia. En el caso de la intervención del usuario también podemos plantearnos estas dos perspectivas sin que, desde nuestro punto de vista, haya que tomar partida por una de ellas ni abogar por una postura bien ahistórica, o bien historicista. Al igual que en el caso de la filosofía de la ciencia, en la filosofía de la técnica hay dos cuestiones distintas aunque relacionadas: una es hasta qué punto la historia de la tecnología, o de la técnica[1], se hace eco de la utilización de dichas técnicas; otra es si los modelos teóricos sobre la intervención del usuario tienen en cuenta la historia de los usos de la técnica y de la tecnología.

---

[1] No vamos a entrar en las diferencias entre técnica y tecnología. M.A. Quintanilla (2005, p. 45) establece una diferencia entre ambas: "En la literatura especializada se tiende a reservar el término "técnica" para las técnicas artesanales precientíficas, y el de tecnología para las técnicas industriales vinculadas al conocimiento científico. Por otra parte, los filósofos, historiadores y sociólogos de la técnica se refieren con uno u otro término tanto a los artefactos que son producto de una técnica o tecnología como a los procesos o sistemas de acciones que dan lugar a esos productos, y sobre todo a los conocimientos sistematizados (en el caso de las tecnologías) o no sistematizados (en el caso de muchas técnicas artesanales) en que se basan las realizaciones técnicas". Pero hay que tener en cuenta que algunos autores, como D. Edgerton, hablan de técnica sin establecer una distinción conceptual con la tecnología.

Desde la perspectiva histórica no cabe duda de que una historia de la técnica y de la tecnología debería incluir la intervención del usuario, aunque no siempre se le tiene en cuenta y, en cualquier caso, dicha historia no se acostumbra a formular en estos términos sino que las referencias son a los usos de las técnicas. Este es el punto de partida de D. Edgerton (2013), quien señala que si queremos abordar una historia global de la técnica[2] debemos incluir los contextos en los que se utiliza. Esta sería una aportación a la primera cuestión que hemos señalado, pero Edgerton no se limita a la historia sino que también hace reflexiones sobre la situación actual, abordando otras cuestiones sobre la técnica frente a las cuales contempla dos posibles enfoques: uno centrado en el uso y otro en la innovación en sí misma. Por tanto, el análisis que Edgerton va realizando a través de su obra podemos desglosarlo en lo que serían, por un lado, enfoques históricos y, por otro, el análisis de la invención e innovación en sí mismas.

Edgerton hace una crítica de los enfoques históricos de la innovación que privilegian a las grandes celebridades y las innovaciones más significativas, que son también las que triunfan, porque se asientan en los programas nacionales de innovación, y por ello incluyen a Bill Gates y no a Ingvar Kamprad, fundador de IKEA. Esta reflexión tiene que ver con la historia de la innovación, y con sus protagonistas. "Todo ello da una imagen tramposa de los científicos e ingenieros, presentándolos como los creadores, los diseñadores y los investigadores, a pesar de que la mayoría de ellos están dedicados, sobre todo, al funcionamiento y al mantenimiento de las máquinas y no a su invención o a su desarrollo" (Edgerton, 2013, p. 22). Edgerton tiene razón solo en parte. Es cierto que no todos los ingenieros se dedican a la innovación en sentido estricto, pero este autor no contempla que manipular determinadas máquinas requiere un conocimiento profundo de las mismas. Esto no significa que la relación sea, primero, conocimiento científico, después, aplicación directa e inmediata en diseño de máquinas y, finalmente, puesta en funcionamiento y mantenimiento. Si así fuera, podría concluirse que los únicos creadores en sentido estricto son los científicos, cuando en realidad sabemos que el mismo conocimiento científico puede dar origen a diferentes diseños y con el mismo diseño pueden inventarse diferentes usos. En resumen, la relación entre creadores, diseñadores y usuarios no es un esquema jerárquico sino reticular. Si no fuera así, ingenieros, médicos y educadores, entre otros, serían poco menos que autómatas sin apenas iniciativa

---

[2] Tal como hemos señalado este autor se refiere siempre a "técnica", aunque algunos ejemplos y casos a los que alude impliquen conocimiento científico, por lo cual Quintanilla los consideraría tecnología.

y siempre a merced de lo que las ciencias "puras" ponen en sus manos, sin criterio ni capacidad de adaptación a las circunstancias que tienen que afrontar.

Y precisamente porque Edgerton quiere incorporar al usuario en la historia de la técnica, no debería descartar, al menos como posibilidad en determinadas ocasiones, que pueda producirse innovación e invención a través del uso inteligente[3] de las máquinas. A veces, parece que Edgerton ve estos dos enfoques (histórico y temático) como si fueran incompatibles y no complementarios. Ello no es óbice para reconocer que lo que plantea es esclarecedor de muchos de los fenómenos sobre la relación de la tecnología y la sociedad. Está claro que para Edgerton una historia global requiere que el enfoque no solo abarque el surgimiento de una invención y la consiguiente innovación, sino también su uso. Asimismo, Edgerton defiende una historia que no se ocupe solo de los protagonistas que, por razones diversas, son más conocidos, sino también de aquellos que han tenido menos presencia en los medios de comunicación y, en consecuencia, menor impacto social.

De entre las cuestiones sobre la innovación, se interesa especialmente por dónde se realiza y cuáles son las instituciones que la sustentan, y subraya que la Segunda Guerra Mundial marca un punto de inflexión en la relación entre la técnica y la invención. A partir de aquí, Edgerton aborda la investigación científica universitaria y señala que ha estado muy influenciada por las técnicas consideradas las más importantes del siglo, a pesar de que la mayoría de las invenciones han surgido lejos de los laboratorios universitarios: "La mayoría de los inventos (incluidos muchos inventos revolucionarios) nacieron en el entorno de los usuarios y, es más, bajo su control directo. Fueron un producto de inventores independientes, laboratorios, talleres y centros de diseño de las empresas industriales, así como de laboratorios, talleres y centros de diseño de los Estados, y en especial de sus fuerzas armadas" (Edgerton, 2013, p. 247). Una idea que consideramos maximalista y que contrasta con el hecho de que, si bien en la Revolución industrial la invención estaba en manos de investigadores independientes, a partir de finales del siglo XIX la invención se realiza en las grandes estructuras que unen la ciencia y la tecnología. En opinión de Edgerton, es una idea equivocada porque no toda la innovación se llevó a cabo en estas grandes estructuras. En ese sentido acaba afirmando: "La expresión 'investigación y desarrollo'

---

[3] Con lo cual no queremos significar que todo uso inteligente de un dispositivo conlleve innovación.

integra la terminología técnica del discurso político e industrial alrededor de la Segunda Guerra Mundial. Sin embargo, hubiera sido más apropiado hablar de 'desarrollo e investigación', en tanto en cuanto los gastos en desarrollo son mucho más importantes que los dedicados a la investigación" (Edgerton, 2013, p. 260). Edgerton concluye que la novedad no es nueva como muestra la historia de las técnicas y que la innovación no es exclusiva de las instituciones científicas y tecnológicas.

Esta es una tesis muy parecida a la de J. Echeverría, en el sentido de que ambas contemplan que la mayoría de la investigación se lleva a cabo fuera de los proyectos I+D asociados a la investigación universitaria, por ejemplo, en las firmas industriales o en centros del Estado, además de las invenciones e innovaciones en que los usuarios tienen un papel relevante e incluso, en ocasiones, determinante. Sin embargo, hay que distinguir la invención a través de los usuarios de la invención financiada por la industria o el Estado, pero no ligada directamente a las universidades. Respecto a esta última, que la investigación se realice en centros privados o públicos, en empresas o universidades es una cuestión de política científica de los países y Gobiernos de turno. Por tanto, no tiene por qué haber diferencias fundamentales en función de dónde se realiza. Esto no significa que no haya diferencias entre las estructuras organizativas, pero no necesariamente entre que la investigación se realice en centros universitarios o empresariales.

También Echeverría aborda la cuestión de las estructuras donde se realiza la innovación. Respecto al modelo lineal I+D+i, (investigación, desarrollo e innovación) señala que "la 'i' minúscula es mucho más extensa y diversa que la que surge de la investigación científica. Esta última no es más que la punta del iceberg de los sistemas de innovación. Debajo de ella hay mucha innovación sin ciencia, que también hay que detectar, analizar y promover"[4]. Diríamos, más bien, que hay innovación sin que sea consecuencia del último descubrimiento científico, pero que sí está relacionada de forma tácita con conocimientos científicos previos, a los cuales no se había encontrado aplicación concreta hasta ese momento. Podemos estar de acuerdo en que la innovación no está circunscrita a una aplicación automática de los conocimientos científicos y tecnológicos, pero también afirmar que, directa o indirectamente, dichos conocimientos incidirán en las posibilidades de innovación, al menos entendida como la actualización de las invenciones.

---

[4] J. Echeverría en "Innovación sin ciencia", www.oei.es/divulgacioncientifica/opinion0040.htm.

Según Echeverría (2008), el Manual de Oslo es una herencia del modelo lineal, sintetizado en las siglas I+D+i, frente al cual propone un programa de innovación social, cuyas fuentes son muy diversas y muy pocas provienen de los laboratorios científicos, fundamentalmente, a causa de que los sistemas de innovación (locales, regionales, nacionales) son más complejos y abigarrados que los sistemas de I+D. Echeverría en ningún momento niega la gran importancia que la ciencia y la tecnología han tenido en los procesos de innovación a lo largo de la historia y, muy especialmente, en los últimos dos siglos, lo que señala es que actualmente solo una parte de los procesos de innovación tiene lugar en el marco de la I+D+i.

Lo que está en la base de estas consideraciones es a quién le corresponde el protagonismo de las invenciones y, en este sentido, Edgerton señala que las técnicas consideradas como las más importantes están confinadas a las nuevas tecnologías y, en consecuencia, están centradas en las grandes invenciones, lo que a veces se ha llamado *big science*[5]. Esto supone, por un lado, no dar importancia a las innovaciones en las viejas industrias, por ejemplo las innovaciones en el navío de velas después del navío a vapor, y, por otro, no considerar las innovaciones que afectan la vida cotidiana, a colectivos que no controlan el poder, etc. Pero el invertir en este tipo de innovaciones tiene que ver con los valores que prioricemos y esto puede hacerse tanto en las universidades como en las empresas; en último término, depende de la política científica del momento. Asimismo, es cierto que el tipo de organización puede incidir en las líneas de investigación en función de que el sistema sea público o privado, ya que este último estará más fácilmente a merced del mercado y no orientado al bienestar de los ciudadanos. Sin embargo, un sistema público tampoco está libre de sesgos a favor de las clases más favorecidas. Edgerton señala que no es lo mismo inventar "para" el mundo pobre que inventar "en" el mundo pobre. Esta es una cuestión sociopolítica y ética. La relevancia de los usuarios depende de los valores que se prioricen.

---

[5] Respecto a la idea de *big science* hay que hacer una serie de aclaraciones. La idea de crear sinergias artificiales y a toda costa con grandes inversiones económicas es la que está llevando a los "científicos" escépticos y a muchos filósofos a creer que la ciencia pura ha muerto, que todo depende de la tecnología, lo cual se ha plasmado en el término de "tecnociencia". Sin embargo, no siempre las grandes inversiones dan buenos resultados. La experiencia nos enseña que la buena ciencia suele hacerse en grupos pequeños y que la sinergia surge muchas veces espontáneamente entre diversos grupos o entre miembros de distintos grupos.

2. La intervención del usuario en los procesos de innovación

La intervención del usuario propiamente dicha en los procesos de innovación se ha denominado "innovación abierta", una expresión general que integra formas diversas y cuyo denominador común sería tener en cuenta los intereses del cliente. Un referente obligado respecto a los modelos sobre el papel del usuario en los procesos de innovación es E. von Hippel, muy especialmente en sus dos obras seminales de 1988, *The sources of innovation*, y de 2005, *Democratizing innovation*. La primera aborda las fuentes de la innovación y la segunda su democratización. Podemos decir que las dos cuestiones están relacionadas, en el sentido de que la intervención del usuario constituye una vía para democratizar los procesos de innovación.

Su trabajo muestra que analizar el papel del usuario es una cuestión mucho más compleja de lo que puede parecer a primera vista y tiene poco que ver con una idea ingenua de que los usuarios son, o al menos pueden ser, los principales agentes de innovación por "inspiración divina" o por "arte de magia", sin ningún tipo de preparación, y al margen de los proyectos I+D, los centros tecnológicos y otras fuentes de innovación institucionales. Esta visión de la intervención del usuario no se adecua a la práctica científica ni a la industria, pero tampoco al arte en sus distintas manifestaciones. Por esta razón, las aportaciones de von Hippel ofrecen un modelo muy sofisticado de la participación del usuario que nada tiene que ver con la utilización de un artefacto de manera diferente de la sugerida por el propósito con el que fue construido. De hecho, lo que plantea es cómo la intervención del usuario en los procesos de innovación puede reportar efectividad y rapidez y, en consecuencia, proporcionar beneficios a las empresas manufactureras.

A grandes rasgos la propuesta de Von Hippel plantea un cambio del "paradigma del fabricante activo" (MAP: *manufacturer active paradigm*) al "paradigma del cliente activo" (CAP: *costumer active paradigm*). El cambio de paradigma implica reestructuraciones de los departamentos de I+D y *marketing*, cediendo por parte de las empresas ciertas funciones del proceso innovador a los clientes. Estos ajustes reportarán para las empresas fabricantes diversas ventajas, tal como sugieren Robledo et al. (2010, p. 1437). En el paradigma del cliente activo, este representa la principal fuente de innovación lo cual, según Von Hippel, requiere poder detectar a los clientes que tienen claras sus necesidades y son capaces de anticiparse a lo que ofrece el mercado. Esta figura es lo que él denomina "usuario líder" (*lead user*), y una parte de su modelo consiste en determinar sus características, sus funciones y cómo identificarlos. Von Hippel señala que diversos estudios sobre usuarios innovadores, sean estos individuos o empresas, muestran que tienen rasgos parecidos a los que él atribuye a los usuarios líder. Además, dichos estudios muestran que son atractivos desde el punto de vista comercial porque expanden las expectativas del mercado y, en consecuencia, logran el interés de los fabricantes. (Von Hippel, 2005, p. 4)

Aparte del usuario líder, hay otras fuentes de innovación como son las empresas e incluso colectivos de tipo cultural y deportivo, entre otros, que podríamos incluir en la figura del cliente. Todo ello es lo que para Von Hippel constituye la variable que llama "la fuente funcional de innovación", lo cual supone categorizar las empresas y los individuos en términos de la relación funcional con el cliente que se beneficia de un determinado producto, proceso o servicio de innovación. Por ejemplo, si quien se beneficia es quien lo usa estamos hablando de los usuarios como innovadores; si quien se beneficia es quien lo fabrica estamos hablando de los fabricantes como innovadores, y si quienes se benefician son quienes suministran los elementos necesarios para la innovación, se trata de los proveedores como innovadores.

Von Hippel examina una serie de ejemplos en los que ha estudiado la intervención de los usuarios, fabricantes y proveedores en el proceso de innovación, y ha señalado que una misma empresa o institución puede ser a la vez usuario, fabricante y proveedor, como es el caso de Boeing.

> Boeing es un fabricante de aviones, pero también es un usuario de la maquinaria. Si examináramos las innovaciones en los aviones, consideraríamos que Boeing tiene el papel funcional de fabricante en ese contexto. Pero si consideráramos las innovaciones en la maquinaria que se usa para la fabricación, esta empresa se categorizaría como usuario. (Von Hippel, 1988, p. 4).

Por tanto, sigue siendo válida la idea del usuario líder, aunque este no necesariamente tenga que ser un individuo. Esta aclaración es importante, porque si no la hiciéramos podría parecer que toda su teoría sobre el usuario líder únicamente puede aplicarse a los usuarios-individuos y no a empresas u otros colectivos. Al mismo tiempo, nos da idea de la complejidad de la figura del usuario.

La convergencia de varios agentes en el proceso de innovación hace pensar que esté distribuido entre usuarios, fabricantes y proveedores, lo que Von Hippel llama *distributed innovation process*.

> ¿Existen estrategias y normas que subyacen a cómo las expectativas de rentas económicas generales se forman y se distribuyen a través de los usuarios, fabricantes, proveedores y demás? Si es así, podemos obtener más capacidad general para predecir cómo se distribuirán las innovaciones entre las diversas categorías funcionales de la empresa. (Von Hippel, 1988, p. 6).

De la idea de innovación distribuida podemos sacar algunas conclusiones. Una de ellas es que en un proceso de innovación intervienen muchos factores de diferentes ámbitos disciplinarios y contextos sociales, lo cual abona el enfoque interdisciplinario que hemos propuesto desde el principio. Al mismo tiempo, es evidente la dificultad de pensar en un tipo de innovación que dependa de un solo factor, ya que los procesos de innovación son multifactoriales. Esto no significa que en un ámbito concreto no haya factores que sean más relevantes que otros; por ejemplo, no se requieren los mismos conocimientos para innovar en la industria aeronáutica que en la organización empresarial o en las tecnologías de la información.

Una consideración a tener en cuenta es hasta qué punto podemos recurrir a analogías que ayuden a comprender los fenómenos de innovación. En este sentido es útil el modelo de "cognición distribuida"[6] de E. Hutchins. Por parte de Von Hippel no hay ninguna referencia a Hutchins, sin embargo, vale la pena plantear si pueden establecerse ciertos paralelismos. Uno de

---

[6] E. Hutchins es reconocido como uno de los impulsores de la cognición distribuida y ha aplicado este modelo en contextos como la cabina de un avión y la sala de máquinas de un barco en su obra seminal *Cognition in the wild* (1995). La idea básica es que la unidad de cognición no es el cerebro individual sino un sistema formado por uno o más individuos, la interacción entre ellos y con los artefactos implicados en cualquier proceso cognitivo. La cuestión de interés para un pasajero (en un avión) no es si un piloto particular lo está haciendo bien, sino si el sistema compuesto por los pilotos y la tecnología del entorno de la cabina de avión lo están haciendo bien. Es la actuación de todo el sistema, no las habilidades de cualquier piloto individualmente, lo que determina si el pasajero llegará a destino sano y salvo o no. En el Capítulo 4 exponemos más ampliamente este modelo, relacionándolo con el papel del contexto en la creatividad.

ellos podría ser el éxito o fracaso de los procesos de innovación (Von Hippel) y de cognición (Hutchins). Respecto a la innovación, esta depende de la interacción entre los diversos agentes (individuales o colectivos) que intervienen en el proceso. En cuanto a la cognición, es la interacción entre dos o más agentes y de estos con los artefactos tecnológicos y que, en su conjunto, constituyen la unidad del sistema cognitivo. Sin embargo, la propuesta de Hutchins está pensada como un modelo para explicar la cognición, no la innovación como proceso social. Una cuestión distinta es el hecho de que en la innovación intervienen procesos cognitivos individuales, pero esto lo abordamos en el próximo capítulo. Por tanto, podemos ver el modelo de cognición distribuida, también denominada "cognición socialmente distribuida", como una analogía o metáfora de la "innovación distribuida". Como tal constituye indiscutiblemente una guía heurística para comprender los procesos innovadores.

Otra analogía es la de red social (*social network*), que podemos relacionar con la idea de *innovation communities* que Von Hippel asocia con innovación distribuida. Von Hippel define las "comunidades de innovación" como "nodos compuestos por individuos o empresas interconectadas por enlaces de transferencia de información que pueden implicar comunicación cara a cara, virtual o cualquier otro medio. Estos pueden, aunque no necesariamente, existir dentro de los límites de un grupo de miembros" (Von Hippel, 2005, p. 96). Por tanto, también en este caso podemos ver los modelos de redes sociales como una analogía para la innovación abierta y distribuida.

3. Vías para democratizar la innovación

No cabe duda de que la intervención del usuario es una vía para democratizar la innovación y esta es la que explora, principalmente, Von Hippel. Otra cuestión es si es la única y si es suficiente. La innovación centrada en el usuario ofrece enormes ventajas frente a la que está centrada en el fabricante, que ha sido la tónica durante cientos de años (Von Hippel, 2005, p. 1). Si pensamos en las etapas por las que ha pasado el proceso de innovación, desde el modelo schumpeteriano a la innovación abierta, pasando por las universidades y los centros tecnológicos, la democratización se ha ido instaurando de forma progresiva en dichos procesos.

Vamos a examinar algunos de los indicadores de la democratización propuestos por Von Hippel, para ver hasta qué punto dependen exclusivamente de la intervención del usuario. Para este análisis hay que señalar que la distinción entre invención e innovación no es algo que Von Hippel tome en consideración, al menos no es central en su propuesta. Toda su teoría se ocupa de la innovación, pero muchos de los ejemplos y cuestiones que plantea podrían atribuirse a la invención. Sin embargo, nosotras tendremos en cuenta la diferencia, ya que a veces puede clarificar el papel del usuario en la democratización. Si nos atenemos a la distinción entre invención e innovación, la acción de los usuarios se corresponde con la invención (idear algo nuevo o modificar algo ya existente) y depende de los fabricantes que estas invenciones se conviertan en innovaciones. Así pues, uno de los indicadores consiste en que el usuario se convierta en inventor y sea la base de una innovación, pero para ello necesita financiación. En consecuencia, para la democratización de la innovación no es suficiente la intervención del usuario, sino que es preciso un soporte económico y estructural, es decir, el apoyo de las instituciones (públicas o privadas) para que se haga realidad. Por tanto, la introducción de novedades en un producto se quedará en invención si no hay expectativas de éxito en el mercado.[7]

Von Hippel es consciente de los intereses contrapuestos entre usuarios y fabricantes. Por parte de los usuarios lo prioritario es satisfacer sus necesidades a un precio asequible, en cambio para los fabricantes lo prioritario es que las innovaciones les reporten ganancias, incluso a costa de que no cumplan totalmente las expectativas de los clientes (Von Hippel, 2005, p. 6). El problema es que los intereses de unos y otros no siempre coinciden; los usuarios priorizan la necesidad y los fabricantes los costes. En este punto, la democratización consiste en que las políticas de innovación apoyen al usuario en primer lugar y no a los fabricantes (Von Hippel, 2005, p. 12). No hacerlo así y concentrar la innovación en pocas manos es no solo injusto, sino ineficiente (Von Hippel, 2005, p.14). Respecto al papel de usuarios y fabricantes Von Hippel señala:

> Concluyo este capítulo introductorio volviendo a insistir en que la innovación por parte del usuario, la interpretación libre y las comunidades de usuarios para innovar surgirán en muchas circunstancias pero no en todas. Lo que sabemos sobre la innovación centrada en el fabricante sigue siendo válida; sin embargo, los patrones de innovación centrados

---

[7] ¿Qué pasa con las invenciones surgidas entre usuarios que pertenecen a grupos minoritarios? Pensemos en determinadas enfermedades que son minoritarias y, por tanto, es difícil que se investiguen fármacos para las mismas.

en el usuario son cada vez más importantes, y presentan importantes y nuevas oportunidades y desafíos para todos nosotros. (Von Hippel, 2005, p. 17).

Todo parece indicar que en este *tour de force* entre usuarios y fabricantes, Von Hippel aboga por una relación de *feedback* como la mejor opción y la más realista. No hay que olvidar que la propuesta de Von Hippel se mueve entre dos ejes, uno que apela a la justicia y el bienestar del usuario y otro a la eficacia, es decir, la democratización no solo es más justa sino más eficaz.

Desde el eje de la satisfacción del usuario, el autor propone un indicador más personal que tiene que ver con la creatividad. En efecto, los usuarios pueden tener motivaciones para innovar que excedan los beneficios materiales, es decir, su compensación es la satisfacción de constatar que son capaces de innovar, del mismo modo que cuando hacen puzles o crucigramas (Von Hippel, 2005, p. 61). ¿Tiene esto un correlato en la eficacia y productividad? Pues, aunque no necesariamente, podemos decir que es muy probable que así sea, si tenemos en cuenta la importancia de las motivaciones psicológicas positivas a la hora de emprender cualquier tarea.

Un indicador, quizás indirecto, de la democratización es la tecnología relacionada con los equipos informáticos, sin los cuales la intervención de los usuarios sería muy difícil por no decir imposible. En este sentido, Von Hippel señala que una de las causas que hacen posible la intervención en los procesos de innovación es el acceso a la informática disponible para amplios sectores de la sociedad. La capacidad de los usuarios para innovar está mejorando *radical* y *rápidamente* como resultado de la mejora constante de la calidad de los programas y equipos informáticos (Von Hippel, 2005, p. 13). Ahora bien, el papel de los nuevos programas informáticos y la participación del usuario en el *software* conlleva conocimientos de computación y otras disciplinas. Por tanto, la innovación por el usuario casi nunca se realiza al margen de la ciencia sino a partir de ella, a la que se suma un acto creativo que consiste en conectar unos conocimientos científicos a la resolución de un problema.

Sin embargo, la importancia de la informática también puede ser un hándicap para la democratización, sobre todo si pensamos en otros sentidos de democratizar la innovación, a saber: que las invenciones lleguen a todas las clases sociales y a todos los países, y no solo a las elites económicas y a los países del primer mundo. En ambos casos podemos hablar de democratización de la innovación, pero son fenómenos distintos, que no necesariamente se implican entre sí. Respecto al papel de la informática en la democratización de la innovación, la llamada "brecha digital" es un factor de desigualdad social, aunque el usuario haya intervenido.[8] Por poner algún ejemplo, E. M. Rogers (2003) da unos datos que corroboran lo que él denomina *the digital divide* o brecha digital. Rogers señala que en 2001 había 450 millones de usuarios de Internet en todo el mundo, pero si analizamos por países nos encontramos con los siguientes datos: Norteamérica, 479 usuarios cada 1000 habitantes; Europa Occidental, 218 cada 1000 habitantes, América Latina, 21 cada 1000; Asia, 17 cada 1000, y Oriente Medio/África 7 cada 1000 habitantes. En el conjunto del mundo, 52 usuarios cada 1000 habitantes.

Podríamos citar una infinidad de datos, pero estos ya son suficientemente representativos de la brecha digital. Por tanto, tendríamos democratización en el sentido de Von Hippel pero ello no supondría más equidad social. Esto no implica la inexistencia de casos en los cuales la intervención del usuario haya reducido la brecha tecnológica. Y no solo esto, sino que tampoco significa que la intervención del usuario, en el estricto sentido de Von Hippel, no tenga como consecuencia que se innove en aquellos campos que repercutan en mayor medida en el bienestar de los ciudadanos más desfavorecidos socialmente.

Además de los múltiples casos aportados por Von Hippel, es destacable el señalado por D. Coloma[9] sobre las bicicletas de montaña, un caso claro en el que convergen la intervención del usuario y la democratización de la innovación, además de haber encontrado un equilibrio entre las necesidades de los usuarios y los intereses de los fabricantes.

> El caso de las bicicletas de montaña es un caso paradigmático. La popularización del ciclismo por caminos de montaña en la California de los años setenta llevó a que los usuarios trataran de corregir las deficiencias de las bicicletas del momento. Así pues, reforzaron y alteraron la geometría del cuadro, mejoraron tanto la suspensión como el frenado y modificaron la transmisión. Posteriormente, los fabricantes comenzaron a fabricar versiones comerciales de estos mo-

---

[8] Ver R. Carveth y S.B. Kretchmer (2002) analizan la brecha digital en Europa Occidental proponiendo formas de resolverla.
[9] Ver www.cynertiaconsulting.com

delos que los usuarios hacían para ellos mismos. En la actualidad, y pese a una recuperación de las bicicletas tradicionales, los modelos de montaña son la categoría más vendida en los Estados Unidos y buena parte de Europa. (D. Coloma, 2009, p. 1).

En la misma línea, Coloma cita el sistema operativo Linux, el sistema de fotografía Polaroid o el ordenador personal Apple I como algunas de las innovaciones generadas por los usuarios, aunque los autores de estas dos últimas crearon empresas para explotar sus invenciones.

4. Aceptación y difusión de las innovaciones

Del mismo modo que en la ciencia pura la máxima "publicar o perecer" forma parte de la investigación, la invención y la innovación también necesitan hacerse públicas a fin de obtener el reconocimiento como "primeros impulsores":

> Ser el primero en revelar libremente una innovación particular también puede mejorar los beneficios recibidos, por lo que, en realidad, puede haber prisa para exponer la innovación, mucha más de la que tienen los científicos para publicar con el fin de obtener los beneficios asociados a ser el primero en haber hecho un avance concreto. (Von Hippel, 2005, p. 10).

En este punto es donde entra en juego la difusión de las innovaciones para que la información fluya y llegue al público. En realidad, la intervención del usuario en la innovación, al menos indirectamente, tiene como resultado facilitar su aceptación en amplias capas de la sociedad. Por tanto, los usuarios también son protagonistas de la aceptación y difusión, aunque su papel no será el mismo en las distintas fases del proceso de innovación. Un colectivo vinculado con la aceptación son los llamados *early adopters* (primeros adoptantes) por ser los primeros en usar un producto nuevo en el mercado. No hay que confundirlos con los *leader users* (usuarios líderes), de los que ya hemos hablado, que son quienes promueven *productos que todavía no existen en el mercado* con el fin de satisfacer una necesidad.

G. Gaglio (2011)[10] aborda la difusión de las innovaciones en el marco de la sociología, señalando que la distinción entre cambio social e innovación no es solo una cuestión terminológica, sino de significado; el primero es objeto de estudio de la sociología clásica, mientras que la segunda es objeto de investigación, entre otras disciplinas, de la sociología contemporánea. La distinción entre cambio social e innovación, atribuida a la sociología clásica y contemporánea, respectivamente, nos plantea algunas cuestiones. Gaglio hace hincapié en la diferencia de significado. Sin embargo, puede ser uno de los signos de nuestro tiempo en el que cualquier cambio, en el campo que sea, pasa a denominársele "innovación". De hecho no es muy distinto de lo ocurrido en la práctica científica, ámbito en el cual aquello que en los setenta llamábamos modelos de cambio científico, ahora recibe el nombre de modelos de innovación.

En el caso de la sociología, los teóricos desde Marx a Spencer, y la antropología, con el pensamiento difusionista y la propagación de los rasgos culturales a partir de los trabajos de F. Boas[11], formarían parte de los modelos de cambio social y cultural. La idea de innovación social[12] puede considerarse una forma de aunar innovación y cambio social. La cuestión está en la relación entre cambio social e innovación, y en pensar si el cambio social es una consecuencia de un proceso de innovación, o a la inversa. Por ejemplo, la influencia de los fenicios, pueblo de marineros y comerciantes, en la difusión de la escritura podría compararse con las presentaciones de PowerPoint en las grandes empresas.[13] Posiblemente haya una interrelación entre los dos fenómenos, en donde lo difícil es establecer cuál es la causa y cuál el efecto.

Uno de los referentes ineludibles en el estudio de la difusión de las innovaciones es E. M. Rogers, con su obra de 1962, *Diffusion of innovations* y una segunda edición, junto a F. F. Shoemaker, con el título *Communication of innovations. A cross-cultural approach* (1971).[14] Rogers y Shoemaker abordan la difusión desde una perspectiva cultural, aportando numerosos casos para

---

[10] Ver en el Capítulo 3 la cuestión de la innovación social, que está relacionada con el cambio social.
[11] En especial su obra *Race, language and culture*, publicada en 1940.
[12] Ver el Apartado 5 del Capítulo 2.
[13] Gaglio (2011, p. 69) cita a F. Frommer (2010) *La pensée power-point*, París, Ediciones La Découverte, como autor de esta comparación.
[14] Para las referencias a esta obra tomamos la edición en español publicada en 1974, por Herrero Hermanos, México.

ejemplificar los distintos factores que intervienen en la difusión de innovaciones. Algunos se refieren a hábitos cotidianos, como el hervir agua en situaciones en que no hay canalización del agua, lo cual supone un problema de salud pública. Este es el caso de un pueblo peruano, Los Molinos, en el que se pueden ver las dificultades para introducir esta innovación entre los habitantes de este pueblo.[15] Otros ejemplos más estructurales son la mecanización en la agricultura en Turquía[16] y la introducción de la enseñanza programada en varias escuelas de Pittsburg[17], en ambos casos con consecuencias positivas y negativas. Los estudios de caso aportados por Rogers y Shoemaker ponen en evidencia tanto la importancia de la difusión de las innovaciones como la importancia de que se tenga el cuenta el contexto sociocultural en el que van a implantarse.

Respecto al papel del usuario en la aceptación y difusión de las innovaciones, son especialmente relevantes las fases del proceso de difusión, los paradigmas de difusión y una tipología de adoptantes. Rogers y Shoemaker (1974) proponen el "paradigma del proceso de decisión de innovar" en una secuencia de fases sucesivas: la de conocer, la de persuadir, la de decidir y de confirmar, en resumen, "el proceso de decisión de innovar es el proceso mental de pasar un individuo desde la primera noticia de una innovación hasta la decisión de adoptar o rechazar la novedad, y, posteriormente, confirmar la decisión" (Rogers y Shoemaker, 1974, p. 131).

Entre los paradigmas de difusión Gaglio (2011, págs. 75-92) señala el "paradigma jerárquico", el "paradigma *bottom-up* (de abajo arriba)", el "paradigma de difusión horizontal" y el "paradigma de *tourbillonaire* (turbulencia)". En el paradigma jerárquico la innovación empieza en las clases dominantes y llega progresivamente a las clases más modestas. En consecuencia, el sentido de la difusión reproduce la estratificación social y la fortalece. En el paradigma *bottom-up* las innovaciones empiezan por grupos que no forman parte de las clases dirigentes, por ejemplo, los nombres propios de personas que se pusieron de moda entre 1979 y 1999 en Francia no responden al paradigma descendente, sino a uno ascendente, en el sentido de que la moda no empezó por las clases dirigentes como muestra un estudio empírico de P.

---

[15] Ese caso fue estudiado por E. Wellin (1955) y explicado por Rogers y Shoemaker (1974, p. 2).
[16] Este caso fue estudiado por K.H. Karpan (1960) y explicado por Rogers y Shoemaker (1974, p. 319).
[17] Este caso fue estudiado por R.O. Carlson (1965) y explicado por Rogers y Shoemaker (1974, p. 321).

Besnard y G. Desplanques (1999)[18]. El paradigma de difusión horizontal corresponde a la difusión que se da entre personas que pertenecen a un mismo grupo, contexto, institución, profesión, etc. Finalmente, el paradigma de *tourbillonaire* niega cualquier tipo de linealidad, tanto de arriba-abajo, como a la inversa, y que se basa en la corriente sociológica del "actor-red", atribuida, entre otros, a Bruno Latour.

Otra cuestión es hasta qué punto podemos clasificar los adoptantes. Rogers y Shoemaker (1974) construyen una tipología con las siguientes categorías: los pioneros o innovadores, calificados como aventureros, aproximadamente son un 2,5%; los primeros adoptantes, caracterizados como respetables, con un 13%; la primera mayoría o mayoría precoz, caracterizados como deliberantes, con un 34%; la mayoría tardía, caracterizada como escéptica, con un 34%; y los rezagados, caracterizados como tradicionales, con un 16%. Es importante cómo interpretamos estas categorías desde el punto de vista metodológico. Rogers y Shoemaker señalan lo siguiente:

> Las cinco categorías propuestas en este capítulo son tipos ideales, es decir, conceptualizaciones basadas en la observación de la realidad y construidas a fin de efectuar comparaciones. Los tipos ideales desempeñan la función de guiar los esfuerzos experimentales y conferirles un marco de referencia para sintetizar sus resultados. (Rogers y Shoemaker, 1974, p. 181).

En este punto no podemos olvidar a M. Weber y el desarrollo que hace de "tipo ideal" y su papel en la sociología, y a la metodología tipológica, a la que ya nos hemos referido, de H. Becker y J. McKiney. Podríamos decir que se trata de aplicar el tipo ideal y la metodología tipológica a la categorización de los adoptantes de las innovaciones.

5. El papel del diseño en el proceso de innovación

La idea de diseño, implícita o explícitamente, forma parte de todos los procesos de innovación. Una cuestión distinta es cuando el diseño ocupa un lugar central en dichos procesos y, en concreto, en la intervención del usuario. La relación entre diseño y usuario podemos abordarla desde varias pers-

---

[18] Trabajo citado por Gaglio (2011, p. 80).

pectivas: una es como forma de acercar la innovación a las necesidades del usuario, otra consiste en analizar el diseño desde los modelos cognitivos.[19] En ambos casos, podemos encontrar vías de democratización que giran en torno al diseño. Vamos a examinar algunas de estas propuestas que, aunque no haya referencias explícitas a la democratización, bien pueden verse en este sentido.

La idea del *design thinking*[20], propuesta por Thomas Lockwood (2009), corresponde al caso de que la innovación tenga en cuenta al usuario. Lockwood define *design thinking* como el proceso de innovación centrado en el factor humano, que enfatiza la observación, la colaboración y el aprendizaje rápido. Se trata de aplicar la sensibilidad y los métodos del diseñador a la resolución de problemas en contextos distintos: empresariales, comerciales, de liderazgo, de servicios (públicos y privados), etc. En resumen, el *design thinking* es una forma de abordar el proceso de innovación centrado en resolver de la mejor manera posible las necesidades humanas y conseguir que, en último término, aquel revierta en la estrategia comercial. Estas características generales de la innovación no aportan novedades significativas a las propuestas esbozadas en este capítulo. Sin embargo, su relevancia está en poner el diseño en el centro de la innovación, una cuestión que no es baladí si tenemos en cuenta las capacidades cognitivas de los humanos.

Uno de los muchos casos en los que se puso en práctica la importancia del diseño es el de las prendas de esquiar, explicado por Lockwood (2009)[21]. Uno de los elementos clave para estas prendas es la protección del frío, por lo que los materiales utilizados para fabricarlos son fundamentales para alcanzar el objetivo. El éxito de esta innovación se debió a la colaboración de diversos profesionales, especialmente del diseñador, el ingeniero y el empresario. No es necesario que sean tres personas distintas sino que hay que verlo como tres papeles que convergen en el producto. En este caso concreto, según cuenta Lockwood, él mismo aportó el diseño y la parte comercial gracias a que había estudiado dirección de empresas en su etapa de licenciatura

---

[19] Estas perspectivas no agotan los enfoques de la relación entre diseño y usuario, pero no hay duda de que son especialmente pertinentes para nuestros objetivos.
[20] El *design thinking* o "pensar el diseño" pone en el centro a las personas y centra sus esfuerzos en empatizar con los usuarios, en generar ideas creativas confrontándolas continuamente con el usuario. En la literatura que hemos consultado se utiliza, mayormente, la expresión inglesa por lo que nosotras seguiremos con dicha denominación.
[21] Ver el prefacio de Lockwood (2009).

en la universidad. El ingeniero era imprescindible para aportar los conocimientos sobre materiales y energía. Ahora podríamos preguntarnos dónde estaban los usuarios, pues bien, por un lado, las nuevas prendas las probaron los esquiadores habituales, por otro lado, se dio la circunstancia de que una de las personas que tenía que evaluar las posibilidades mercantiles de los trajes de esquí era un aficionado a este deporte.

En resumen, dado que cualquier innovación implica factores diversos que no pueden obviarse, cualquier novedad tiene que ser el resultado de la participación de los diferentes actores importantes, a saber: científicos ingenieros, diseñadores y usuarios. Todo ello sin dejar de lado la viabilidad económica a partir de costes y beneficios para la empresa que lo lleve a cabo. Aunar todos los elementos no resulta fácil y depende también del enfoque que predomine en un momento determinado. La convergencia de diferentes agentes es lo que hizo posible que a partir de la revolución industrial se fabricara en serie diversos productos, desde coches hasta lavadoras, además de muebles y edificios. Frente a este fenómeno surgen dos enfoques principales: uno centrado en la industria y representado por Carnegie, Rockefeller, Morgan y Ford, y otro que quiere recoger la tradición de las artesanías, representado por Charles Rennie Mackintosh, Frank Lloyd Wright y Gustav Stickley (Vogel, 2009, p. 5). Vogel considera que el *design thinking* puede tender un puente entre la producción intensiva, centrada en el coste-beneficio, y la producción a escala humana.[22]

C.M. Vogel cita al arquitecto Peter Behrens y a la escuela de la Bauhaus como ejemplos de *design thinking* que intentan realizar una síntesis entre las posiciones tecnológicas y artesanas. Behrens fue contratado en 1907 por Emile Rathenau, presidente fundador de la compañía eléctrica alemana AEG con el fin de hacer que la electricidad resultara más aceptable para los consumidores. Otro ejemplo de intento de salvar esta brecha es el movimiento de la Bauhaus, fundado en 1919 por Gropius, cuya filosofía era buscar un equilibrio entre el arte, la ciencia y la producción en serie. Fue la primera escuela del siglo XX que tomó las ideas de Behrens y las aplicó al currículum de la educación universitaria. La plasmación de nuevas ideas en el currículum académico viene a corroborar la idea de Kuhn de la importancia de que cualquier descubrimiento científico forme parte de los libros de texto a fin de que la revolución triunfe. Del mismo modo, las innovaciones necesitan traspasar el núcleo inicial y concretarse en la enseñanza académica.

---

[22] D. Norman propone un modelo de diseño cognitivo para cubrir esta brecha, que analizamos en el próximo apartado.

También V. Papanek (1976), en su libro *Design for the real world*, defiende el *design thinking* como un enfoque que apuesta por la responsabilidad social en la producción. Y acusa a los diseñadores que solo tienen en cuenta a los consumidores con un alto potencial económico. Por todo ello, es importante la valoración de la satisfacción del usuario frente a cualquier tipo de producto, teniendo en cuenta parámetros como la usabilidad, la accesibilidad, la comprensión y la experiencia. Un indicador más del grado de democratización de la innovación.

Vogel también pone el diseño como una forma de promover el cambio social y la responsabilidad ambiental, es decir, que no solo tiene que incidir en los artefactos sino en la propia organización empresarial, académica, etc. Aquí entraríamos en lo que hemos calificado como innovación social y que va más allá del mundo empresarial. En este sentido Vogel hace referencia a R. Caplan quien en su libro *By design* (1982) señala que el concepto de protesta no violenta de Mahatma Gandhi constituyó uno de los diseños más efectivos de la historia.

6. La relación diseño/usuario desde los modelos cognitivos

En el marco del *design thinking* hay autores como M. Gobé (2009)[23] que proponen combinar la estrategia de las marcas comerciales con el factor humano y el diseño del producto a fin de atraer emocionalmente al consumidor. Recurriendo a una metáfora dice: "el diseño es a la marca lo que el jazz es a la música: un nuevo lenguaje de experiencias emocionales maravillosas que une las marcas con las audiencias" (Gobé, 2009, p. 109). Esta relación entre marca y emoción se explicita en la idea de que el mundo de los negocios necesita la lógica, mientras que el mundo del consumidor necesita emociones, y recurre a la palabra *brandjamming* para transmitir la idea de conectar los dos mundos.[24]

---

[23] Su teoría está ampliamente desarrollada en su libro *A emoção das marcas – Conectando marcas às pessoas*. Rio de Janeiro: Negócio, 2002. *Branding emocional* es un *best seller* del *marketing* y de los negocios. En Estados Unidos se encuentra en su tercera reimpresión. Marc Gobé es el responsable de la nueva identidad de marca y de *packaging* para todo el mundo de The Coca Cola Company.

[24] No hay traducción literal de esta palabra. La referencia cultural es la de la sesión de jazz (*jam session*), originalmente una competición, en la que se improvisa interfiriendo con los otros participantes: http://www.amazon.com/Brandjam-Humanizing-Through-Emotional-Design/dp/1581154682.

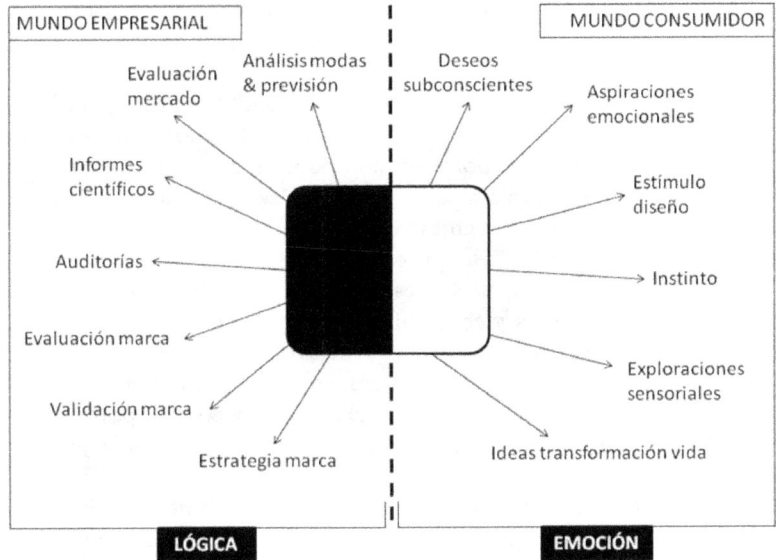

Figura 2 Esquema de los mundos empresarial y consumidor según Gobé (2009, p. 111)

La introducción de las emociones en el diseño es el paso previo para incorporar los modelos cognitivos, aunque los autores del *design thinking* en ningún momento aluden a ellos. Sin embargo, D. Norman hace una referencia ineludible cuando se trata de estudiar las capacidades cognitivas de los humanos a fin de facilitar las tareas a los usuarios cuando se enfrentan a cualquier artefacto material, muy especialmente, a la tecnología. El modelo de Norman está centrado en la relación entre diseñador y usuario en el caso del ordenador, como muestra su obra junto a Draper *User centered system design. New perspectives on human-computer interaction* (Norman y Draper, 1986). Sin embargo, las aportaciones más recientes de Norman van más allá de los ordenadores, aunque estos siguen siendo un punto de referencia.

Norman (2004) distingue dos modos de cognición: experiencial y reflexivo. El modo experiencial nos lleva a percibir y a reaccionar a los acontecimientos de forma eficiente y sin esfuerzo. El reflexivo nos permite la comparación y el contraste, el pensamiento y la toma de decisiones. Sin embargo, no hay que verlos como dos modos independientes, sino como elementos que necesitamos y utilizamos como seres pensantes. Estos modos de cognición, los relaciona con los niveles del cerebro y distingue entre el nivel visceral, el conductual y el reflexivo (Norman, 2004).

El nivel visceral es automático, corresponde a aquello para lo cual estamos programados genéticamente. En este nivel somos todos muy parecidos, aunque hay diferencias, por ejemplo, todos tenemos cierto miedo a los desniveles verticales, pero a algunas personas les resulta imposible mirar por el vano de una escalera, mientras otras pueden llegar a escalar montañas. El nivel conductual es la parte que contiene los procesos cerebrales que controlan la conducta cotidiana. En este nivel hay muchas más diferencias entre unas personas y otras y en él influye enormemente la experiencia, el entrenamiento y la educación. El nivel reflexivo corresponde a la parte contemplativa del cerebro. La cultura desempeña un papel muy importante en este nivel, aunque podemos encontrar algunos universales, por ejemplo, a los adolescentes les desagrada todo lo que les gusta a los adultos.

Estos tres niveles han de tenerse en cuenta a la hora de diseñar tecnología. Norman (2004) hace corresponder estos tres niveles con distintas características de los productos. El diseño visceral tiene en cuenta la apariencia y lo que nos produce "buenas vibraciones" en función de nuestra naturaleza como humanos. El diseño conductual está dirigido a conseguir efectividad en el uso, con lo cual el primer test para este tipo de diseño es si satisface las necesidades para las que ha sido diseñado. El diseño reflexivo está dirigido a la autoimagen, la satisfacción personal y los recuerdos. Por tanto, este diseño tiene en cuenta, fundamentalmente, los factores culturales, no hay nada de práctico ni biológico, todo está en la mente de quien posee el producto. Todas estas consideraciones las hace Norman en el marco de abordar las emociones y su papel en una teoría de diseño.

La teoría de Norman sobre la relación diseñador/usuario tiene como finalidad salvar la brecha entre los fines de la persona, expresados en términos psicológicos, y el sistema físico, definido en términos de variables físicas. A esta cuestión va dirigido el modelo de Norman sobre la relación entre diseñador, usuario y sistema físico.

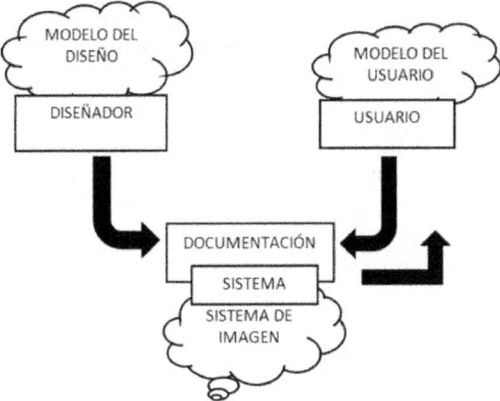

Figura 3. Relación entre diseñador, usuario y sistema físico (Norman, 1986, p. 46)

En su último libro, *Diseño Emocional. Por qué amamos u odiamos las cosas cotidianas* (2005), Norman introduce las emociones como un elemento a tener en cuenta en el diseño de cualquier objeto. En este nuevo marco el esquema sobre la relación entre diseñador, usuario y sistema físico sigue siendo válido, aunque el diseñador deberá tener en cuenta el factor emocional a la hora de pensar el modelo que el usuario se figura del artefacto que va a usar.

7. El protagonismo del usuario en la innovación

La apertura y generalización de los procesos que implican alguna actividad innovadora ha dado entrada al usuario en los procesos de innovación y este ha adquirido un protagonismo que no había tenido hasta el momento. Este fenómeno ha supuesto la construcción de modelos de intervención, pero también una pérdida de espontaneidad en la invención. Tenemos, por un lado, que el papel del usuario se considera crucial y, por otro, que su intervención se ha reglamentado. En realidad, podemos considerar estos hechos como las dos caras de una moneda.

Al mismo tiempo en campos en los que la innovación requiere conocimientos muy avanzados en determinadas disciplinas las posibilidades de intervención como sujetos activos es más difícil por lo que su participación en los procesos de innovación solo podrá ser como sujetos pasivos. En este último caso, su papel estará sujeto a que los diseñadores tengan en cuenta al usuario y los fabricantes estén dispuestos a apostar, e incluso a arriesgar, por la innovación de productos que no tienen, al menos de momento, el éxito asegurado en el mercado.

La complejidad tecnológica de gran parte de las innovaciones actuales hace que la implicación, directa o indirectamente, de las instituciones de política científica sean claves para que puedan llevarse a cabo. Incluso las que parecen que surgen fuera de los laboratorios e instituciones académicas son posibles gracias a un conocimiento tácito y a la utilización de instrumentos que están al alcance de la población en general, en especial, todo lo referido a la informática. Esto ha hecho posible la democratización de la innovación "Von Hippel, *dixit*".

Capítulo 4: LA CREATIVIDAD EN LA INVENCIÓN Y LA INNOVACIÓN

En ocasiones se identifica *creatividad* con *innovación*, sin embargo, hay diferencias importantes entre ambos conceptos que, por otra parte, están íntimamente relacionados entre sí. Como señalamos al principio, la creatividad subyace en las ideas de descubrimiento, invención e innovación, pero mientras que la primera se atribuye a un agente individual[75], las segundas se asocian a la introducción de novedad en algún contexto.

De entrada, cabría decir que la innovación implica algún grado de creatividad pero no al revés, es decir, la creatividad no implica innovación de forma automática. La innovación sería el resultado de *algunos* procesos creativos, porque no todos se plasman en innovaciones en el campo correspondiente.

Tradicionalmente, el estudio científico de la creatividad, como proceso mental, se ha abordado desde la psicología; en cambio, la innovación, sea en el campo científico, artístico o tecnológico, ha constituido el objetivo de cualquier actividad práctica. En las últimas décadas se han desarrollado modelos cognitivos que proporcionan claves para comprender fenómenos como la invención y la innovación. La cuestión relevante para este trabajo está en la conexión que podamos establecer entre creatividad e innovación, invención y descubrimiento, ya que la creatividad ha sido motivo y objeto de estudio desde el arte, la ciencia y la tecnología.

Las perspectivas desde las que se puede abordar la creatividad son múltiples. Por un lado, estarían los estudios desde disciplinas como la psicología, la neurobiología o la sociología; por otro, las aplicaciones a campos específicos como la pedagogía, las ciencias de la comunicación, la ciencia política, la publicidad, las ciencias empresariales, etc. Ambas cuestiones van a ser tratadas en este capítulo.

En primer lugar, abordaremos la creatividad como concepto integrador, analizando la relevancia de un modelo cognitivo de integración conceptual. En segundo lugar, examinaremos algunos de los modelos más relevantes

---

[75] A veces se habla también de inteligencia colectiva en los pequeños grupos científicos, aunque hay que decir que es una cuestión bastante polémica, al menos desde la perspectiva de la filosofía de la mente.

proporcionados por la psicología, incidiendo de manera especial en su base neurobiológica. Finalmente, analizaremos el papel del contexto en los procesos creativos, lo cual nos llevará a tener en cuenta la perspectiva social, a la vez que pondrá de manifiesto su aplicación a campos concretos como la educación y la publicidad, entre otros.

1. La creatividad como concepto integrador

Podemos abordar el estudio de la creatividad considerando diversas perspectivas, desde la pluralidad de sentidos a la pluralidad de ámbitos, en ocasiones, aunque no necesariamente, coincidentes. Es decir, a veces un sentido concreto es el más asiduo en un ámbito determinado, y viceversa. La complejidad y la polisemia de este concepto implican que en el momento de abordar las diversas perspectivas nos encontremos que estas se imbrican e interactúan entre ellas. La idea de concepto integrador no puede ser más adecuada ya que, si no, sería imposible referirnos a la creatividad como una categoría conceptual. Por tanto, más que una clasificación de las diversas perspectivas vamos a señalar una serie de aspectos de la creatividad, haciendo hincapié en aquellos relacionados con el tema central de este trabajo, a saber: la innovación y conceptos afines. Especialmente relevantes consideramos la relación de la creatividad y la innovación, los enfoques psicológicos y la base neurobiológica de los procesos creativos. A todo ello subyace el propósito del estudio científico de la creatividad.

Superficialmente, en ocasiones la creatividad se asocia a la imaginación y el ingenio y, en consecuencia, a la posibilidad de la búsqueda de lo novedoso. Si intentamos definir la creatividad nos encontramos con un abanico de posibilidades, que se refieren a aspectos distintos de la misma. Tal como señala M.T. Esquivias Serrano (2004), existen más de cuatrocientas acepciones diferentes del término, aunque la constante en todas ellas es la novedad. Por ello consideramos que a pesar de los distintos sentidos y ámbitos en los que se aplica, la idea de creatividad tiene un común denominador propio de los conceptos integradores.[76]

Algunas definiciones hacen referencia a los estudios de la personalidad creativa, una perspectiva propia de la psicología y en consonancia con la idea de Esquivias Serrano de que la creatividad, necesariamente, implica un pro-

---

[76] Ver la introducción del Capítulo 2.

ceso sofisticado y complejo en la mente del ser humano, cuya explicación corresponde a la psicología. Esquivias Serrano (2004, págs. 2-7) aporta un cuadro sobre autores y definiciones, muy centrado en las características individuales, tales como aptitudes, capacidades, personalidad, etc., del que hemos seleccionado algunas como muestra de la pluralidad de sentidos.

> Guilford (1952): La creatividad, en sentido limitado, se refiere a las aptitudes que son características de los individuos creadores, como la fluidez, la flexibilidad, la originalidad y el pensamiento divergente.
>
> Mac Kinnon (1960): La creatividad responde a la capacidad de actualización de las potencialidades creadoras del individuo a través de patrones únicos y originales.
>
> Ausubel (1963): La personalidad creadora es aquella que distingue a un individuo por la calidad y originalidad fuera de lo común de sus aportaciones a la ciencia, al arte, a la política, etcétera.
>
> Gardner (1999): La creatividad no es una especie de fluido que pueda manar en cualquier dirección. La vida de la mente se divide en diferentes regiones, que yo denomino "inteligencias", como la matemática, el lenguaje o la música. Y una determinada persona puede ser muy original e inventiva, incluso iconoclásticamente imaginativa, en una de esas áreas sin ser particularmente creativa en ninguna de las demás.

Hay otras definiciones que están relacionadas con el conocimiento que proporciona un proceso creativo, por ejemplo, cuando la creatividad surge de conectar dos ideas. Un buen ejemplo de ello es el caso de Bohr, cuyo descubrimiento surge al relacionar dos hechos que ya se conocían. De alguna forma, como dice Andersen (2009, p. 22), la cuestión podía haberse planteado ya en 1936 pero a nadie se le ocurrió conectar el nuevo modelo de Bohr con las investigaciones en radio-química sobre los elementos transuránidos.

Interpretando las palabras de Andersen a partir del modelo de Boden[77], podríamos decir que el descubrimiento de Bohr fue posible gracias a un proceso creativo que consistió, fundamentalmente, en la capacidad de conectar dos ideas que otros muchos conocían pero cuya relación no "vieron". Al mismo tiempo, hay que señalar que esta conexión no hubiera sido posible si Bohr no hubiera conocido ya las dos ideas en cuestión. Una razón más para afirmar que la creatividad no surge de la nada, como parece suponer la concepción romántica que Boden critica.

Este sentido de creatividad como asociación de ideas es estudiado por la psicología, aunque no directamente ligada al estudio de la mente. Tal es el caso de definiciones de "creatividad" como las siguientes, también proporcionadas por Esquivias Serrano (2004, p. 2-7):

> Parnes (1962): Capacidad para encontrar relaciones entre ideas antes no relacionadas, y que se manifiestan en forma de nuevos esquemas, experiencias o productos nuevos.

> Mednick (1964): El pensamiento creativo consiste en la formación de nuevas combinaciones de elementos asociativos. Cuanto más remotas son dichas combinaciones, más creativo es el proceso o la solución.

La idea de la creatividad como asociación de ideas es especialmente pertinente para la ciencia, tal como hemos visto en la analogía de Bohr, además de los numerosos casos de científicos que han recurrido a la analogía como heurística para sus investigaciones, como muestra la historia de la ciencia.[78]

Entre las muchas referencias aportadas por Esquivias Serrano, son especialmente importantes las que hacen hincapié en los resultados de la creatividad valorando el producto, por ejemplo, Marín (1980), la define como "innovación valiosa"; o también definiciones que se centran en el proceso como es el caso de Murray (1959) para el que la creatividad es el "proceso de realización cuyos resultados son desconocidos, siendo dicha realización a la vez valiosa y nueva"; o Thurstone (1952) con una clara referencia a su significado para la ciencia: "Es un proceso para formar ideas o hipótesis,

---

[77] En el Apartado 2 de este capítulo abordamos la teoría de M. Boden sobre la creatividad.
[78] La creatividad como asociación de ideas enlaza con el modelo de combinación conceptual de Fauconnier y Turner, como veremos más adelante.

verificarlas y comunicar los resultados, suponiendo que el producto creado sea algo nuevo".

Aunque hemos dicho al principio de este capítulo que creatividad e innovación están íntimamente relacionadas pero que no son lo mismo, hay autores que definen la creatividad en función de los procesos de invención, innovación y descubrimiento, tratando de ver los indicios de creatividad que hay en dichos procesos.

G. Kaufmann (2003) analiza, por un lado, la relación entre creatividad e innovación, y por otro, el papel del estado de ánimo (*mood*) en la capacidad de ser creativos, una cuestión no exenta de controversia. En este sentido, Kaufmann (2003) alerta contra una conexión automática de signo positivo entre estado de ánimo y creatividad, ya que la relación es mucho más compleja de lo que muchas veces se piensa. Además, el autor establece una serie de conexiones desde la originalidad a la innovación, en las que cada fase es necesaria pero no suficiente para la siguiente. Así, la originalidad (ideas nuevas) es necesaria pero no suficiente para la creatividad (valor o utilidad), que a su vez es necesaria pero no suficiente para la invención ("incremento" de novedad), también necesaria pero no suficiente para la innovación (realización alcanzada) (Kaufmann, 2003, p. 191). De nuevo apelando a Boden, podemos decir que para que la creatividad redunde en innovación se necesita tanto la P-creatividad como la H-creatividad[79], además de las condiciones contextuales que permitan llevarla a cabo.

También encontramos autores que abordan la creatividad, asociándola a determinados rasgos individuales pero solo en función de que son posibles inductores y protagonistas de procesos de innovación, por ejemplo, J. S. Renzulli (2003, p. 79) señala que "El talento que lleva a la innovación surge de la interacción y la superposición de tres grupos de rasgos—muy por encima de la capacidad media en un dominio particular, del compromiso de trabajo y de la creatividad— y se produce en ciertos individuos, en ciertos momentos, en ciertas condiciones". Por tanto, estos dones del individuo son

---

[79] P-creativo se refiere a lo psicológico-creativo, que concierne a las ideas (en la ciencia o en las artes y oficios) y que son fundamentalmente novedosas respecto de la mente individual, sin importar cuantas personas puedan haber tenido la idea (Boden, 1994, p. 55); y H-creativo se refiere a lo histórico-creativo, que en parte se aplica a las ideas particularmente novedosas respecto a toda la historia humana (Boden, 1994, p. 55).

solo el punto de partida, condiciones necesarias pero no suficientes para que se conviertan en innovaciones.

Sintonen (2009, p. 209) señala que los descubrimientos son el resultado de un proceso creativo, lo cual presupone la habilidad de trabajar con múltiples estructuras conceptuales al mismo tiempo. En este sentido, la creatividad se vería favorecida si se trabajara en un campo interdisciplinario en el que cada investigador recibiera *inputs* de diversas disciplinas que abordan el mismo fenómeno. En este caso la convergencia de distintas perspectivas podría considerarse un indicador contextual que incide en el proceso creativo. El proceso es del individuo, pero influido por el contexto.

Otra de las líneas de análisis sobre creatividad e innovación es la comparación entre campos artísticos y científicos. Uno de los ejemplos lo tenemos en R. W. Weisberg (2003) que hace un estudio de los procesos creativos de los individuos a través del análisis del cuadro *Guernica*, de Picasso, y de la invención de la bombilla eléctrica, de Edison. Sobre cuál es la base de la innovación, Weisberg (2003, p. 245) apunta a tres elementos cruciales: las capacidades en el procesamiento de la información de los individuos, la base de datos que cada individuo puede aportar a su trabajo y la motivación con la que emprende cualquier tarea. Los tres elementos son importantes en la práctica científica.

En la misma línea de comparar la creatividad en diferentes campos podemos referirnos a J.R. Bailey y C.M. Ford (2003) que, al campo artístico y científico le añaden el de los negocios, y señalan:

> A nivel individual, las acciones creativas o innovadoras son respuestas adaptadas a las tensiones entre la persona y la situación. En ámbitos como las artes o las ciencias, las tensiones persona-situación se resuelven mejor favoreciendo la novedad, mientras que en dominios tales como los negocios, las mismas tensiones se resuelven mejor favoreciendo el valor. Recurrimos a una visión neo-evolutiva de la creatividad para sugerir que las tensiones *dentro* de un mismo dominio crean tensiones irresolubles *entre* dominios. (Bailey y Ford, 2003, p. 248).

La base de la creatividad para estos autores es la tensión entre diferentes dominios, tomando como analogía un enfoque neo-evolucionista. Introducir cualquier novedad en un dominio implica un proceso de "variación/selección". La selección se dará en función del criterio y dominio que se tenga en cuenta en cada momento, así como de los valores que se prioricen. Tenemos un caso de creatividad en los procesos de innovación en el mundo empresarial.

Como conclusión, podemos decir que la creatividad está presente en todos estos procesos, planteándonos una serie de cuestiones sobre la repercusión en algunos de los modelos aquí presentados. Uno que parece especialmente importante está relacionado con la intervención del usuario en los procesos de innovación. Si pensamos en el papel del usuario líder nos podemos preguntar qué perfil sería el más adecuado, desde el punto de vista de las características atribuidas a la persona creativa, para cumplir el papel de inventor e innovador. Si analizamos la idea del usuario líder bajo la perspectiva de la creatividad como conexión de ideas, la cuestión está en cuál es la naturaleza de esas conexiones y cómo pueden realizarlas. El usuario líder debería tener una idea clara de las necesidades para conectarlas a la innovación que quiere introducir. Así pues, una característica que le diferenciaría de los demás usuarios es que a sus conocimientos y habilidades se sumara una capacidad diferente para relacionar dichos conocimientos con posibles necesidades y la habilidad de satisfacerlas.

Siguiendo en el marco de la intervención del usuario, también es importante analizar el papel de la creatividad en la aceptación y difusión de las innovaciones. La figura clave en este caso es la de *early adopter* (los primeros en adoptar) una tecnología, que no es la misma que la de usuario líder. La cuestión es si el perfil de persona creativa también es un requisito para los pioneros. En principio, podemos pensar que los pioneros en la adopción de nuevas tecnologías no intervienen en los procesos de innovación, simplemente están dispuestos a adoptar lo que otros inventan. Va más allá de los objetivos de este libro entrar en profundidad en este aspecto, pero todo parece indicar que el perfil de personalidad de uno y otro son distintos. Los pioneros parecen encajar más con una personalidad arriesgada y poco costumbrista, entre otras características, que no necesariamente tiene que ser una personalidad creativa, aunque no la excluye.

1.1 Un modelo cognitivo de integración conceptual

Si nos atenemos a la diferencia entre invención e innovación que hemos constatado[80], al menos por parte de algunos autores, habría algunas diferencias significativas respecto a la relevancia de los modelos cognitivos para cada uno de estos fenómenos. En el caso de la invención, son los estudios sobre la personalidad creativa los que nos dan la base científica y, en este sentido, uno de los modelos cognitivos que mejor responden al modelo de pensamiento de la invención es el que Fauconnier y Turner presentan en *The way we think* (2002), en el cual introducen la idea de combinación conceptual, muy en consonancia con la conexión de dos ideas y con los conceptos integradores.

Según Fauconnier y Turner la combinación conceptual opera detrás de la escena, y no somos conscientes de sus complejidades ocultas, de la misma forma que no lo somos de la complejidad de la percepción de una taza azul. Su objetivo es analizar las operaciones de identidad, igualdad e imaginación, a las cuales el enfoque formalista les ha atribuido una calidad de primitivas, sin necesidad de explicación, pero que no lo son ni cognitiva, ni neurológica, ni evolutivamente.

La teoría de la combinación conceptual trata de la formación de conceptos, en la que subyace la idea de que "detrás de las actividades sensomotoras, de la interacción con el mundo, de la experiencia cotidiana a escala humana, del conocimiento abstracto y de la invención científica y artística hay propiedades generales similares a la conexión (*binding*) neural"[81]. Según Fauconnier la Integración Conceptual (IC) está sustentada en la observación empírica y desempeña un papel muy importante en la construcción de significado tanto en la vida cotidiana como en las artes, las ciencias y en el desarrollo tecnológico. Estas posibilidades de la IC hacen que sea absolutamente pertinente para la creatividad. Una combinación conceptual opera en dos espacios mentales que actúan como entradas para producir un tercer espacio, la combinación. La estructura parcial de la entrada de los espacios se proyecta sobre el espacio combinado, del cual emerge una nueva estructura. La idea clave es la forma en que dos o más espacios se combinan. Varios

---

[80] Ver el Capítulo 2.
[81] Fauconnier, G., "Conceptual integration", en Proceedings de *International Conference on Cognitive Science* ICCS2001 sobre *Emergence and Development of Embodied Cognition*, 2001, p. 1.

elementos de los espacios de la entrada son selectivamente proyectados en el espacio resultado de la combinación, en el cual son posibles nuevas inferencias, es decir, el espacio emergente puede, a su vez, ser la entrada de una nueva combinación conceptual.

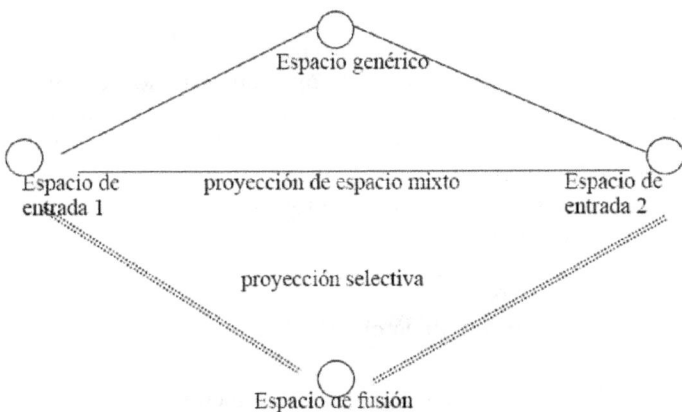

Figura 4 Esquema de una combinación según Fauconnier (2005, p. 156)[82].

Fauconnier y Turner[83] ponen el énfasis en la importancia de la analogía y rehabilitan la imaginación como una cuestión clave para la ciencia. La integración conceptual está en el corazón de la imaginación y conecta los espacios de entrada, los proyecta selectivamente al espacio de combinación y desarrolla una estructura emergente a través de la composición, la complementación y la elaboración en la combinación.

La relevancia de todo lo dicho para la creatividad y la invención es evidente, sea en el ámbito de la práctica científica, de la empresa o del arte. En realidad, la teoría de las combinaciones conceptuales y los espacios mentales trata con modelos abstractos del tipo que nosotros habitualmente entendemos por modelos teóricos o modelos de diseño. Lo que nos explican Fauconnier y Turner es qué significa, a nivel cognitivo, lo que hacen los científi-

---

[82] En el artículo de Fauconnier "Fusión conceptual y analogía", *CIC (Cuadernos de Información y Comunicación)*, v. 10, (2005), este esquema corresponde a la figura 7.3.
[83] Fauconnier, G. y Turner, M., *The way we think. Conceptual blending and the mind's hidden complexities*, Basic Books, Nueva York, 2002, p. 89.

cos, los ingenieros o los artistas. En este sentido, los inventos y los descubrimientos serían el resultado de combinaciones conceptuales a partir de determinados conocimientos, tecnologías o experiencias. Por tanto, el esquema general de la combinación conceptual como proceso cognitivo encaja con los procesos de invención y descubrimiento.[84]

Una cuestión a destacar es el elemento de novedad intrínseco en el espacio de combinación, al mismo tiempo que esta novedad no emerge de la nada, sino de los dos espacios de entrada. Ponemos el énfasis en este punto porque es especialmente relevante para la idea de creatividad como conexión entre dos ideas y también para el modelo de Boden, en el cual la creatividad siempre surge de conocimientos anteriores y del requisito de reglas generativas que la hacen posible.

2. Estudio científico de la creatividad

Para abordar la creatividad como fenómeno mental tenemos que remitirnos a los estudios más significativos procedentes de las ciencias cognitivas. La idea de preguntarse por la capacidad creativa de los humanos no es nueva, pero sí lo es el buscar una explicación científica de la creatividad, especialmente desde el surgimiento de la psicología experimental[85]. Uno de los referentes obligados, entre muchos otros, es el de M. Boden[86] *La mente creativa*, que aboga por los modelos computacionales a través de los cuales estudia la mente creativa. Uno de sus objetivos es que "la creatividad pueda ser considerada razonablemente una capacidad mental que debe ser comprendida

---

[84] En el caso de la innovación habría que añadirle un espacio que hiciera referencia al contexto. Es por ello que dedicamos el Apartado 3 de este capítulo al papel del contexto y los modelos cognitivos que mejor lo reflejan.

[85] Quisiéramos incidir en este punto ya que un estudio de la creatividad requeriría, en sí mismo, no solo un artículo sino todo un libro. Por tanto, partimos de la base de que las referencias sobre la creatividad están basadas en ejemplos especialmente relevantes para los objetivos de este trabajo. Todos ellos son el resultado del trabajo científicamente contrastado, aunque va más allá de los objetivos de este libro introducir los datos y protocolos de los experimentos.

[86] Boden, M.A., *The creative mind. Myths and mechanisms*, Weidenfield and Nicholson, London, 1990. Versión castellana de J.A. Álvarez: *La mente creativa. Mitos y mecanismos*, Gedisa, Barcelona, 1994. Todas las citas de M. Boden corresponden a la versión castellana de 1994.

en términos psicológicos, como lo son otras capacidades mentales"[87], y añade "que estas cuestiones pueden comprenderse mejor con la ayuda de ideas provenientes del campo de la inteligencia artificial (IA)"[88]. Esta aproximación de Boden es especialmente relevante para la creatividad surgida en el marco de la investigación científica.

Una de las ideas básicas de Boden es alejarse de la concepción romántica de la creatividad y de que esta sea una forma de creación "ex nihilo" y abogar, en cambio, por el estudio científico de la creatividad como un fenómeno mental. Descartada la visión romántica y el recurso a la magia y a la inspiración divina, solo nos queda pensar que las creaciones de la mente solo pueden producirse con sus propios recursos a partir de alguna nueva combinación de elementos previamente existentes[89].

La primera consecuencia de esta concepción de la creatividad es la implicación de lo que Boden llama las "reglas generativas":

> La naturaleza de la creatividad se concentra en las posibilidades estructurales definidas en tanto que reglas generativas consideradas como descripciones abstractas. Los mecanismos de la creatividad por su parte, se concentran en las posibilidades inherentes a las reglas generativas consideradas como procesos computacionales[90].

Relacionado con las reglas generativas están las restricciones: "Lejos de ser la antítesis de la creatividad, las restricciones sobre el pensamiento

---

[87] Boden, M.A., *The creative mind. Myths and mechanisms*, Weidenfield and Nicholson, London, 1990. Versión castellana de J.A. Álvarez: *La mente creativa. Mitos y mecanismos*, Gedisa, Barcelona, 1994, p. 18

[88] Boden, M.A., *The creative mind. Myths and mechanisms*, Weidenfield and Nicholson, London, 1990. Versión castellana de J.A. Álvarez: *La mente creativa. Mitos y mecanismos*, Gedisa, Barcelona, 1994, p. 21.

[89] Boden, M.A., *The creative mind. Myths and mechanisms*, Weidenfield and Nicholson, London, 1990. Versión castellana de J.A. Álvarez: *La mente creativa. Mitos y mecanismos*, Gedisa, Barcelona, 1994, p.51.

[90] Boden, M.A., *The creative mind. Myths and mechanisms*, Weidenfield and Nicholson, London, 1990. Versión castellana de J.A. Álvarez: *La mente creativa. Mitos y mecanismos*, Gedisa, Barcelona, 1994, p.63.

son las que hacen posible la creatividad"[91]. Por tanto, dichas restricciones no serían otra cosa que "sistemas generativos que guían el pensamiento y la acción por algunos caminos pero no por otros"[92].

R. Puche Navarro[93] considera que las ideas de Boden tienen una repercusión en la ciencia y señala:

> Esta argumentación de la "mente creativa" como sistema con reglas generativas, acompañada de la experticia como su factor constitutivo y con la dimensión temporal que la define, pone al descubierto las evidentes y orgánicas relaciones que tiene con la "mente investigadora".

La necesidad de pericia nos lleva a tener en cuenta la variable tiempo, medida en años de trabajo. La idea es que la mente creativa sigue funcionando y desarrollándose a lo largo de la vida intelectual y productiva del sujeto.

A veces puede parecernos que la creación surge de forma súbita y repentina, sin embargo, la realidad es que las vías de preparación y los periodos de "incubación" podrían tomar semanas, meses o toda la vida. Este sería el caso de Darwin, ya que "...una teoría científica compleja como la de Darwin no está en ningún lado esperando ser descubierta y redescubierta. Debe ser concebida, moldeada y elaborada pacientemente. Esto lleva años de lucha paciente y enconada en condiciones adversas. Darwin tenía este tipo de valor" (Gruber, 1984, p. 26)[94]. Por tanto, podemos decir que en la investigación científica los periodos de incubación son la norma y no la excepción.

---

[91] Boden, M.A., *The creative mind. Myths and mechanisms*, Weidenfield and Nicholson, London, 1990. Versión castellana de J.A. Álvarez: *La mente creativa. Mitos y mecanismos*, Gedisa, Barcelona, 1994, p. 122.
[92] Boden, M.A., *The creative mind. Myths and mechanisms*, Weidenfield and Nicholson, London, 1990. Versión castellana de J.A. Álvarez: *La mente creativa. Mitos y mecanismos*, Gedisa, Barcelona, 1994, p. 75.
[93] Puche Navarro, R., "Mente/ Creativa/ Mente/ Investigativa/ Mente", *Nómadas*, n° 7, 1997, p, 14.
[94] Gruber, H. E., *Darwin sobre el hombre. Un estudio psicológico de la creatividad científica*, Alianza Editorial, Madrid, 1984, p. 26.

En este sentido incide también M. Csikszentmihalyi[95], quien distingue cinco pasos en el proceso creativo: preparación, incubación, intuición, evaluación y elaboración. Sobre todo en los primeros pasos, los conocimientos previos y la formación en el campo de investigación son claves y necesarios, aunque no suficientes para la creatividad. Ello no es óbice para que pueda haber casos excepcionales en la historia de la ciencia, en los cuales un científico cree un campo de investigación. Csikszentmihalyi[96] señala que no se podía ser psicoanalista antes de Freud, ingeniero aeronáutico antes de los hermanos Wright, electricista antes de Galvani, Volta y Edison, ni radiólogo antes de Roetgen. Todos ellos son ejemplos de individuos que están en los orígenes de una profesión. Pero incluso en esos casos son necesarios determinados conocimientos previos sobre distintas ramas del saber para poder crear algo y para innovar. Y no solo en el campo de la ciencia, también en otros. Por ejemplo, un músico debe aprender la tradición musical y el sistema de notación, entre otras cosas, y, para mejorar el diseño de un avión, un ingeniero aeronáutico tiene que aprender física y aerodinámica, y saber por qué los pájaros no caen del cielo.

El trabajo de L. V. Shavinina y K. L. Seeratan (2003) es otra muestra de la relación entre creatividad e innovación, por lo que tanto podemos considerarlo como una aportación al estudio científico de la creatividad como una definición de la innovación en función de la creatividad. La razón de ello es que consideran que no hay distinción entre innovación individual y creatividad. Para ellos, la innovación individual no es un "don", un suceso azaroso o una consecuencia de la socialización, sino el resultado de una organización específica de la experiencia cognitiva de un individuo (Shavinina y Seeratan, 2003, p. 41). Por eso analizan los elementos que explican la innovación individual, como son el desarrollo personal, su base cognitiva y sus manifestaciones intelectuales, metacognitivas y extracognitivas (Shavinina y Seeratan, 2003, págs. 31-32). En conclusión, la base real de la innovación individual es una experiencia cognitiva o mental de un individuo, que sirve como soporte

---

[95] Csikszentmihalyi, M., *Creativity. Flow and the psychology of discovery and invention*, HarperCollins Publishers, Nueva York, 1996. Versión castellana de J.P. Tosaus Abadía: *Creatividad. El fluir y la psicología del descubrimiento y la invención*, Paidós, Barcelona, 2006, págs. 103-105. Todas las citas de M. Csikszentmihalyi corresponden a la versión castellana de 2006.

[96] Csikszentmihalyi, M., *Creativity. Flow and the psychology of discovery and invention*, HarperCollins Publishers, Nueva York, 1996. Versión castellana de J.P. Tosaus Abadía: *Creatividad. El fluir y la psicología del descubrimiento y la invención*, Paidós, Barcelona, 2006, p. 226.

psicológico de todas las manifestaciones de la innovación individual, incluyendo las creativas. Sin embargo, hay que señalar que si consideramos la innovación como la realización de la invención, en realidad, las características que Shavinina y Seeratan atribuyen a la innovación son de la invención, ya que para su realización es necesaria la concurrencia de los factores sociales, económicos, etc.

Otra forma de abordar la creatividad es verla como un proceso darwiniano, tal como señala D. K. Simonton:

> Considero que el proceso creativo es esencialmente darwinista. Es decir, la creatividad implica algún tipo de proceso de selección/variación (o conjunto de tales procesos) que genera y lleva a cabo numerosas combinaciones conceptuales. (Simonton, 1997, p. 67).

Simonton propone un modelo que explique las variaciones de los productos creativos, y lo extiende a las diferencias individuales en sus trayectorias hacia el éxito. El autor considera que los modelos darwinianos de los procesos creativos son más compatibles con los avances de las ciencias de la conducta e incluso más consistentes con los modelos conexionistas del pensamiento (Simonton, 1997, p. 83).

Como señalábamos al principio del capítulo, la base experimental del estudio científico de la creatividad está reflejada en el título de algunos artículos. Tal es el caso de "La evaluación de la creatividad" de M. Santaella (2006) e "Imaginación creativa y personalidad: estudio experimental sobre relaciones de la creatividad y la introversión/extraversión" de E. Sánchez Manzano (1990). Santaella propone una serie de criterios e indicadores para evaluar la creatividad, como son originalidad, iniciativa, fluidez, divergencia, flexibilidad, sensibilidad, elaboración, desarrollo, autoestima, motivación, interdependencia e innovación. Sánchez Manzano establece una metodología para poner a prueba una serie de hipótesis. Se propone probar la correlación entre creatividad y personalidad introspectiva/extrovertida a partir de una muestra de sujetos y los instrumentos de medición correspondientes. Entre las conclusiones a las que llega destaca que la creatividad (imaginación creativa) se estructura en torno a tres factores: originalidad de vocabulario (semántica) originalidad espacial y fluidez imaginativa. Respecto a la hipótesis general, según la cual existían diferencias significativas entre introvertidos y extrovertidos en creatividad, no se ha confirmado, aunque existen ciertas diferencias. En cambio sí se ha confirmado la subhipótesis de que existen diferencias significativas en la variable denominada "fluidez imaginativa verbal", respecto de la cual los extravertidos son significativamente superiores (Sánchez Manzano, 1990, p. 113).

2.1 Un abordaje neurofisiológico

Un estudio científico de la creatividad no puede obviar las aportaciones de la neurofisiología. No se trata de hacer un examen exhaustivo de esta perspectiva, pero sí de mostrar la relevancia y algunos de los resultados más significativos del enfoque neurofisiológico en el estudio de la creatividad. Si tal como hemos visto la creatividad forma parte de la innovación, lo que la neurociencia diga sobre la creatividad afectará también a la innovación. J. C. Penagos (2012)[97] señala que la creatividad es la generación de procesos de información, productos y/o conductas relevantes ante una nueva situación de destreza o conocimiento insuficiente. Lo importante es conocer cómo el cerebro y las estructuras neuronales que subyacen al mismo llevan a cabo esta generación de procesos creativos. Entre los muchos estudios disponibles, vamos a detenernos en aquellos especialmente relevantes para el tema de este libro. Por un lado, el trabajo de A. Dietrich (2004), centrado en la creatividad, y por otro, el de Vandervert (2003), centrado en la innovación. En ambos el objetivo es buscar las bases neurobiológicas de la mente capaz de generar novedades que constituyen el núcleo de la creatividad y la innovación.

Dietrich (2004) considera que hay suficiente evidencia desde la psicología y la neurociencia para un modelo que integre diferentes enfoques y resultados de la investigación sobre creatividad. Dietrich establece una nueva conexión, entre creatividad y conocimiento, marcando la diferencia entre pensamiento creativo y no creativo. La base neurobiológica de la creatividad está en las funciones de la corteza prefrontal y de las cortezas posteriores (temporal, occipital y parietal: TOP):

> Por otra parte, el hecho de que el conocimiento almacenado y las nuevas combinaciones de aquel conocimiento se implementan en dos estructuras neuronales distintas, el TOP y la corteza prefrontal, respectivamente, es fundamental para la comprensión de la relación entre el conocimiento

---

[97] J. C. Penagos-Corzo (2012) "Creatividad y neurociencias", http://penagos.net

y la creatividad, así como la diferencia entre el pensamiento creativo y el no creativo. (Dietrich, 2004, p. 1023).

Otra conexión importante es la que hay entre creatividad y novedad, habitual en el procesamiento de información en los humanos, y es una característica que comparten las ideas de invención, innovación y descubrimiento, por tanto, los mecanismos neurocomputacionales están a la base de dichos conceptos. En este sentido señala:

> Expresado de forma precisa, la creatividad es el resultado de la combinación factorial de cuatro tipos de mecanismos. La computación neuronal que genera la novedad puede ocurrir durante dos modos de pensamiento (deliberada y espontánea) y por dos tipos de información (emocional y cognitivo). Independientemente de cómo se genera la novedad en un principio, los circuitos de la corteza prefrontal realizan el cálculo que transforma la novedad en comportamiento creativo. A tal fin, los circuitos prefrontales son responsables de que la novedad sea totalmente consciente, de evaluar su idoneidad y, en último término, de implementar su expresión creativa. (Dietrich, 2004, p. 1023).

El abordaje de Dietrich, como su título indica, está fundamentado en la neurociencia cognitiva, en la cual convergen lo cognitivo y lo neurofisiológico. Así pues, considera que las intuiciones creativas pueden surgir de dos modos de procesamiento, uno espontáneo y otro deliberado. Cada uno de estos modos puede, a su vez, dirigir las computaciones en estructuras cognitivas o emocionales. Esto nos lleva a considerar cuatro posibles tipos de intuiciones creativas: i) Modo deliberativo/estructura cognitiva, ii) Modo deliberativo/estructura emocional, iii) Modo espontáneo/estructura cognitiva, y iii) Modo espontáneo/estructura emocional. De cada uno de estos modos señala la zona del cerebro responsable y da ejemplos de creatividad que responden a cada uno de los tipos. Así pues, el descubrimiento de la composición del DNA y el enfoque sistemático de Edison ejemplifican el modo i); el cambio que experimenta una persona con la psicoterapia corresponde al modo ii); el hecho de que a Newton se le ocurriera la idea de gravedad viendo caer una manzana es un ejemplo del modo iii); y las expresiones artísticas del Guernica de Picasso y el poema *Kublai Khan* de Coledrige son una muestra del modo iv). (Dietrich, 2004, p. 1018-1020). Esta tipología no implica que una intuición creativa sea exclusivamente de uno de estos tipos, sino que hay que considerarlos como los extremos de dos dimensiones.⁹⁸ Desde una posible estructura formal adecuada para esta tipología habría que pensar, de nuevo, en la teoría de conjuntos difusos o borrosos (*fuzzy set theory*) y no en una partición matemática.

Si Dietrich se centra en la creatividad, Vandervert lo hace en la innovación pero, una vez conectadas creatividad e innovación, y una vez admitido que ambas comparten el surgimiento de una novedad, los dos enfoques están focalizados en el mismo fenómeno, aunque con perspectivas algo distintas. Vandervert señala que la "comprensión de cómo el cerebro humano se extiende a la producción de nuevas ideas y tecnologías ayudará a construir una ciencia básica de la innovación" (Vandervert, 2003, p. 17). La producción de nuevas ideas se da también en la invención y el descubrimiento, a través de un proceso creativo. Sin embargo, hemos quedado en que la innovación, en algunos casos, consiste en la actualización de una invención o en una modificación de los procedimientos. En consecuencia, a las capacidades cognitivas habría que añadir una serie de variables contextuales, de interacción entre individuos y de psicología social que requieren otros modelos cognitivos que analizaremos al final de este capítulo. De hecho Vandervert reconoce que "lo que hace que una innovación sea una innovación 'importante', o una 'percepcion' profundamente experimentada es una cuestión de su contexto cultural u organizativo y de su grado de generalización" (Vandervert, 2003, p. 23). Podemos interpretar esta afirmación como una distinción entre una innovación y una innovación "importante", esta última dependiente de factores contextuales. También podríamos interpretar esta distinción con la de invención e innovación, siendo la última la innovación importante, es decir, la que puede llevarse a cabo.

Vandervert al referirse al surgimiento de la novedad toma como ejemplo el descubrimiento en matemáticas, como representante de un modelo general para todo tipo de innovación. Sin embargo, hay que señalar que ni los científicos ni los matemáticos se ponen de acuerdo a la hora de calificar los cambios, por lo que podemos encontrar denominaciones como "hallazgos", "construcciones", "hechos empíricos", "construcciones", etc. En concreto, analiza el caso de los descubrimientos de Einstein para corroborar su modelo neurofisiológico. Para ello propone tres premisas teóricas de la teoría de la innovación basada en la "memoria de trabajo" (*working memory*) asentada en el cerebelo. Dice Vandervert:

---

⁹⁸ Ver Apartado 3 del Capítulo II sobre metodología tipológica de J. McKinney (1968).

> (a) los procesos recursivos de la memoria de trabajo (la conciencia 'on line') se modelan en los procesos de control cognitivo del cerebelo; y (b) cuando estos nuevos procesos de control más eficientes son posteriormente enviados de nuevo a la memoria de trabajo, aprenden de una forma que facilita la innovación. Yendo a través de esta secuencia de memoria de trabajo del cerebelo, se examina los informes experienciales del descubrimiento de Einstein. Se describen los métodos para fomentar la innovación. Se concluye que la innovación es un proceso recursivo neurofisiológico que reduce constantemente el pensamiento conceptual a patrones, abriendo así constantemente nuevos y más eficientes espacios de diseño. (Vandervert, 2003, p. 17)

Las aportaciones de Vandervert son especialmente importantes porque abordan las bases neurocognitivas de la innovación, cuando lo más habitual es que este tipo de estudios se refieran a la creatividad. Esto nos lleva a pensar que la creatividad está presente en los procesos de innovación, pero también en el descubrimiento, tal como muestra el ejemplo de Einstein, e incluso en la invención, aunque Vandervert no haga referencia a ella y la englobe en el concepto de innovación.

Otro caso de trabajo experimental lo encontramos en el estudio de la activación cerebral de R.A. Chávez, A. Graff-Guerrero, J.C. García-Reyna, V. Vaugier y C. Cruz-Fuentes (2004). El propósito es "correlacionar el índice de creatividad, obtenido mediante instrumentos válidos y confiables para evaluar la creatividad, como las Pruebas de Torrance de Pensamiento Creativo (TTCT[99] gráfica y verbal) con el flujo sanguíneo cerebral usando tomografía computarizada por emisión de fotón único SPECT y mapeo estadístico paramétrico" (Chávez et al., 2004, p. 39). Las conclusiones a las que llegan pueden resumirse como sigue:

> El índice de creatividad se asocia con un mayor flujo cerebral en las áreas que están involucradas en el procesamiento multimodal, el procesamiento de emociones y en funciones cognitivas complejas; la creatividad es un proceso dinámico que implica la integración de estos procesos. Esto lleva a proponer que el procesamiento central del proceso creativo

---

[99] Siglas de *Torrance Test of Creative Thinking*.

se realiza en un sistema muy distribuido en el cerebro. (Chávez et al., 2004, p. 45).

Como conclusión a partir de estos estudios, podemos decir que hay evidencia empírica sobre las bases cognitivas y neurológicas de la creatividad y de sus consecuencias en los procesos de invención, innovación, descubrimiento y, el que los engloba a todos ellos, en la novedad.

3. El papel del contexto en los procesos creativos

La psicología ha abordado la creatividad desde la perspectiva individual, lo cual no significa que el individuo sea ajeno a cualquier influencia externa, pero el estudio de la creatividad está centrado en las capacidades individuales. Asimismo, cuando nos referimos al papel del contexto, tampoco pensamos que las diferencias individuales sean insignificantes para que tenga lugar un proceso creativo, sino que nos centramos en los factores contextuales que pueden intervenir en la creatividad.

La primera cuestión es qué entendemos por contexto. En el marco de la creatividad, podemos pensar en todos los factores que exceden al individuo, desde la cultura a la economía, pasando por la estructura social. Esto podría remitirnos al viejo debate sobre naturaleza y cultura y, en el caso de la creatividad, si con esta capacidad se nace, o se aprende. Sin embargo, esta cuestión no es especialmente relevante, ya que actualmente está bastante claro que la creatividad es el resultado de la confluencia de las capacidades con las que nacemos y de las posibilidades que el contexto, en el sentido amplio de la palabra, nos depara.

En realidad, si nos atenemos a los ámbitos en los que la creatividad ha desembocado en innovación, se puede decir sin riesgos que el contexto desempeña un papel clave. Uno de los entornos en los que más se ha estudiado los factores contextuales de la creatividad es el de la educación. De hecho, en este ámbito la enseñanza en todos los niveles tiene un papel clave si se considera que la creatividad se aprende. M. Carevic Johnson (2006) señala:

> Consideramos que la creatividad es una de las habilidades fundamentales que debiera estar presente en todo proyecto escolar, ya que le permite al niño llegar a conclusiones nuevas y resolver problemas en una forma original. Para esti-

mular la creatividad en los niños hay que tomar en cuenta factores tales como el clima social, los procesos conceptuales, lingüísticos, motivacionales y estudiantiles. (Carevic Johnson, 2006, p. 1)

Y si ligamos la creatividad con la innovación, no cabe duda de que el mundo empresarial la ha tomado como un elemento clave para la competitividad. Como una variante del mundo empresarial hay que mencionar la publicidad, en la cual la creatividad es la base para el éxito. Una muestra de ello es el libro del publicista L. Bassat, *La creatividad* (2014), quien señala que "la inteligencia es lo que ha distinguido al ser humano del resto de los seres vivos. Y su creatividad, surgida por el instinto de supervivencia, es lo que cambió el rumbo de la historia" (Bassat, 2014, p. 17).

A. S. Georgsdottir, T. I. Lubart y I. Getz (2003) sitúan la flexibilidad en el centro de la innovación, hasta el punto de que la supervivencia y la prosperidad pueden depender de la flexibilidad, tanto a nivel individual como colectivo. Entre otras, hacen referencia a las ideas de Mumford y Simonton (1997) en tanto consideran que "Esta capacidad de adaptarse con rapidez y eficacia en el entorno es particularmente importante hoy en día debido a la velocidad de la evolución tecnológica y la globalización. Todo esto pone presión sobre las personas, las empresas y las sociedades para hacer cambios y adaptarse para que puedan sobrevivir y prosperar" (Georgsdottir, Lubart y Getz, 2003, p. 180). Por tanto, la cuestión está en explorar hasta qué punto la flexibilidad facilita la emergencia de nuevas ideas: "Una serie de modelos recientes sobre creatividad considera que, además de flexibilidad, es necesaria una combinación de varios factores cognitivos, rasgos de personalidad y motivaciones, factores emocionales y condiciones ambientales con el fin de llevar a cabo producciones innovadoras y creativas" (Georgsdottir, Lubart y Getz, 2003: 183). De aquí podría deducirse que las grandes organizaciones tengan más dificultades para la innovación porque son más propensas a estructuras rígidas.

Si esto es así y los procesos de innovación se llevan a cabo por agentes inmersos en un contexto con el que interactúan, los modelos cognitivos que contemplan unidades de cognición más allá del individuo serán relevantes para calibrar el papel del contexto en los procesos creativos.

3.1 El contexto en los modelos cognitivos

La introducción de factores contextuales en los modelos cognitivos ha venido de la mano de un cambio en la unidad de cognición en torno a la cognición situada y distribuida.[100] De entrada, podemos decir que dichos modelos suponen un cambio de perspectiva muy innovador. Respecto al enlace entre creatividad e innovación, nos interesa ver hasta qué punto dichos modelos dan pistas de cómo favorecer la creatividad y, en consecuencia, los procesos de innovación.

La *Distributed Cognition* (DC) forma parte de lo que N. Nersessian llama "perspectivas ambientales" en ciencia cognitiva, las cuales suponen una alternativa al paradigma simbólico en procesamiento de la información que Haugeland (1985) llamó *Good Old Fashioned AI*[101] (GOFAI). Este paradigma clásico, ligado a la IA, identifica la cognición con el procesamiento de símbolos, que en los humanos tiene lugar en la mente individual. Una alternativa a este modelo de cognición consiste en introducir los factores sociales, culturales y materiales en los procesos cognitivos. Dentro de esta perspectiva encontramos diversos enfoques y todos comparten el cuestionamiento del paradigma simbólico de inspiración cartesiana y la apuesta por un cambio en la unidad de cognición. Las diferencias entre las distintas alternativas no son necesariamente incompatibles entre sí, sino más bien, en la mayoría de los casos, complementarias.

El paso del paradigma simbólico a la cognición situada o contextualizada ya supone un descubrimiento que requiere elementos creativos por parte de los individuos o grupos que lo han puesto en marcha, y afecta de forma general a la unidad de cognición. Esto significa un cambio importante en su concepción. Vamos a examinar algunos de estos modelos, señalando los puntos en común y los desacuerdos, viendo su importancia para la innovación.

B.A. Nardi (1995) señala tres enfoques que incluyen el contexto: la Teoría de la Actividad (*Activity Theory*, AT), los Modelos de Acción Situada (*Situated Actions Models*, SAM) y la Cognición Distribuida (*Distributed Cognition*,

---

[100] Ver Casacuberta, D., A. Estany (2012) "Contributions of Socially Distributed Cognition to Social Epistemology: The Case of Testimony". *EIDOS*, N° 16, pp: 40-68.

[101] Una traducción posible de esta expresión, acuñada por Haugeland, es "la vieja y conocida inteligencia artificial".

DC). Nardi se identifica, mayormente, con la perspectiva de la AT, aunque no resta méritos a los otros enfoques y se muestra más cercana a la DC que a los SAM.

Para Nardi, los principales problemas de los SAM proceden de su énfasis en los aspectos emergentes y contingentes de la actividad humana, de tal forma que la actividad surge directamente de las particularidades de una situación dada. Esto lleva a un supuesto central de los SAM, que la estructura de la actividad no es algo anterior a dicha actividad sino que puede surgir de la inmediatez de la situación (Suchman, 1987; Lave, 1988). Según Nardi, estos supuestos tienen el problema de que la estructura no puede estudiarse porque es sumamente contingente. Además, los SAM tienen cierto aire conductista, dado que en ellos adquiere mucha importancia la reacción del sujeto al entorno (la situación), la cual, en último término, es lo que va a determinar la acción.

La AT y la DC tienen en común el dar importancia a los fines de las acciones (sean motivos humanos conscientes o fines del sistema) y esta idea contrasta con la improvisación de la acción situada. Una de las diferencias importantes es que mientras la AT considera que hay una asimetría clara entre personas y cosas, la DC las considera simétricas. Por ejemplo, para la AT los artefactos son instrumentos al servicio de las actividades, mientras que para la DC tanto las personas como las cosas, sin ninguna distinción funcional, son agentes del sistema. Como veremos más adelante, esta afirmación de Nardi respecto a la DC, habrá que matizarla.

De sus comentarios sobre la DC y los SAM, se infiere que Nardi elige la AT, a pesar de que reconoce los méritos de los demás enfoques. En primer lugar, considera que la AT es el enfoque con más claros precedentes en la historia de la psicología, tales como los trabajos de los psicólogos de la Unión Soviética de los años veinte. Para la AT las acciones son procesos conscientes que tienen un objetivo, el cual puede modificarse en el curso de la propia actividad. Una idea clave de la AT es la posibilidad de mediación que tienen los artefactos, entendiéndose por "artefacto" desde los instrumentos tecnológicos hasta el lenguaje, las máquinas y los signos. Finalmente, la noción de contexto, que se entiende no como un contenedor en el que actúan las personas sino como actividades generadas consciente y deliberadamente por las personas en función de sus propios objetivos. Por tanto, es crucial para la AT la fusión entre lo interno a la persona y lo externo a ella.

Aunque la DC no es una visión completamente distinta de los otros modelos cognitivos contextuales, sí tiene su propia especificidad. Greenberg y Dickelman (2000) ven los estudios de Salomon (1993) en antropología y psicología cultural como los precedentes de la teoría de la DC. Por su parte, Cole y Engström (1993) señalan la escuela histórico-cultural en la psicología (Vigotsky, Leont'ev y Luria) como precedente en el estudio del contexto cultural. Dentro de este planeamiento la DC sería el paradigma que en estos momentos recoge los elementos fundamentales de las diversas corrientes que han incorporado factores contextuales en los procesos cognitivos.

La idea central de la DC es que la actividad cognitiva está distribuida entre la mente humana, los artefactos y los agentes. Las representaciones internas constituyen el conocimiento y la estructura en las mentes individuales y las representaciones externas son el conocimiento y la estructura en el entorno (Zhang, 1997; Zhang y Norman, 1994). Zhang y Patel (2006) señalan que no argumentan ni a favor ni en contra de que un sistema distribuido sea o no consciente o que pueda o no razonar de la misma forma que lo hace un individuo. Consideran que es una cuestión filosófica y que para ellos es suficiente entender cómo la información y el conocimiento están distribuidos y se propagan a través del sistema. Así salen al paso de la cuestión planteada por Nardi sobre la simetría o asimetría entre personas y cosas. Para Zhang y Patel (2006) esta cuestión no es pertinente, por tanto, sería compatible tanto con una posición a favor como una en contra de la simetría.

La cuestión de fondo está en la unidad de cognición, que se entiende como un sistema en el cual la cognición está distribuida entre miembros de un grupo social, en el cual los procesos cognitivos implican una coordinación entre las estructuras interna y externa y, en consecuencia, que la cognición está mediada por artefactos. Nardi (1998) dice que "lo que una persona puede hacer con un artefacto es profundamente distinto de lo que puede hacer sin él". En este caso, "artefactos" pueden ser desde simulaciones con un ordenador hasta contar con los dedos, abrazos de un profesor que ayuda a un alumno a realizar una tarea o cerrar los ojos cuando intentamos recordar algo. Norman (1993, págs. 146-147) señala que el funcionamiento del intelecto en conjunción con el entorno supone una descarga del esfuerzo de memoria y, en consecuencia, el aumento de las capacidades cognitivas. Pea (1993) sostiene que "la inteligencia no es una cualidad de la mente sola, sino un producto de la relación entre las estructuras mentales y los instrumentos del intelecto proporcionado por la cultura". Y Perkins (1993) dice que la DC es un sistema que incluye tanto la persona como el entorno físico y los recursos sociales, una idea que Perkins llama *person-plus*[102]. Todas estas consideraciones muestran el carácter del nuevo paradigma en ciencia cognitiva, que ha introducido la interacción entre los individuos y entre estos y los artefactos como eje de la unidad de cognición.

En el marco de la DC, E. Hutchins, reconocido como uno de los impulsores de la DC, propone un modelo en el que la unidad de cognición es un sistema compuesto por la interacción entre varios agentes y de estos con artefactos tecnológicos. En su obra seminal *Cognition in the wild* (1995) Hutchins analiza la sala de máquinas de un barco, y en otros trabajos la cabina de un avión.

> La cuestión de interés para un pasajero (de un avión) no es si un piloto particular lo está haciendo bien, sino si el sistema compuesto por los pilotos y la tecnología del entorno de la cabina de avión lo está haciendo bien. Es la actuación del sistema, no las habilidades de cualquier piloto individualmente, lo que determina si el pasajero vivirá o morirá. Para entender la actuación de la cabina de avión como un sistema necesitamos, por supuesto, referirnos a las propiedades cognitivas de los pilotos individualmente, pero también necesitamos una nueva unidad de cognición más amplia. Esta unidad de análisis debe permitirnos describir y explicar las propiedades cognitivas del sistema de la cabina de avión, que está compuesto por los pilotos y su entorno informacional. A esta unidad de análisis le llamamos sistema de "cognición distribuida" (Hutchins y Klausen, 1996, págs. 16-17).

Esta cita marca un hito en la ciencia cognitiva al poner como unidad de cognición un sistema y no una persona individual. Esto afecta a varias disciplinas del marco interdisciplinario cognitivo y, de forma especial, a la psicología cognitiva y a la psicología social. Es importante resaltar la intervención de la tecnología en el sistema, lo cual da un lugar relevante al estudio de A. Clark (2003) sobre la idea de *cyborg* y la mente extendida.

Una cuestión importante para la DC es la naturaleza y la función de las representaciones. Para la DC las representaciones internas y externas constituyen dos partes indispensables de un sistema de cualquier tarea cognitiva.

---

[102] Es decir, "más que la persona".

Zhang y Norman (1994) consideran que el principio básico de las representaciones distribuidas es que el sistema representativo de una tarea de cognición distribuida es un conjunto en el que algunos elementos son internos y otros externos. En este sentido las representaciones externas pueden proporcionar ayudas a la memoria, proveer información que es directamente utilizada sin que sea interpretada de forma explícita, y también estructurar la conducta cognitiva y cambiar la naturaleza de una tarea (Zhang y Norman, 1994).

La importancia de conjugar las representaciones[103] internas y externas queda patente en el trabajo de Hutchins y Klausen[104]:

> El proceso de información en un sistema distribuido puede ser caracterizado como una propagación de estados representativos a través de medios representativos. En la cabina, algunos de los medios representativos correspondientes están localizados en los pilotos individuales. Otros, como el habla, están localizados entre los pilotos, y aún otros están en la estructura física de la cabina. Cada medio representativo tiene propiedades físicas que determinan la disponibilidad de representaciones a través del espacio y el tiempo y constriñen el tipo de procesos cognitivos requeridos para propagar estados representativos dentro y fuera de dicho medio. Los cambios en el medio de representación de la información relevante para la tarea o en la estructura de representaciones en un medio particular pueden, por tanto, tener importantes consecuencias para la conducta cognitiva del sistema de la cabina. (Hutchins y Klausen, 2000, págs. 19-20).

Ciertamente, las propiedades cognitivas del sistema de la cabina están determinadas en parte por las propiedades cognitivas de los pilotos individuales. Están también determinadas por las propiedades físicas del medio representativo a través del cual el estado representativo correspondiente es propagado por la organización específica de las representaciones sostenidas por estos medios, por las interacciones de las meta-representaciones soste-

---

[103] Es posible que no sea habitual entre los científicos utilizar la idea de representación, pero sí lo en en ámbitos filosóficos y, especialmente, en filosofía de la mente.
[104] Con el mismo título ("Distributed Cognition in an Airline Cockpit") Hutchins y Klausen habían publicado un artículo en Hutchins y Klausen (1996).

nidas por los miembros de la tripulación, y por las características distributivas del conocimiento y el acceso a la información pertinente para la tarea en cuestión, a través de los miembros de la tripulación. Comprender las propiedades de la cognición individual es, por tanto, un primer paso en el intento de comprender cómo operan estos sistemas humanos más complejos (Hutchins y Klausen, 2000, págs. 19-20). Finalmente, Hutchins también recoge la tradición antropológica de D'Andrade al conceder a la cultura un importante papel en los procesos cognitivos. Una muestra de ello es la siguiente cita:

> La cultura no es una colección de cosas, sean tangibles o abstractas. Es un proceso cognitivo que tiene lugar tanto dentro como fuera de las mentes de las personas. Es un proceso en el cual nuestras prácticas culturales cotidianas están representadas. Propongo una perspectiva integrada de la cognición humana en la que un componente importante de la cultura es un proceso cognitivo (es también un proceso de energía, aunque aquí no voy a tratarlo) y la cognición es un proceso cultural. (Hutchins, 1995, p. 354)

Una de las cuestiones importantes es que la *Social Distributed Cognition* (SDC) permite una interpretación de los factores sociales como un elemento positivo, es decir, como una ventaja epistémica, cuando a lo largo del siglo XX, sobre todo en las últimas décadas, lo social se ha visto siempre como un entorpecimiento de la objetividad y la fundamentación de nuestras creencias. Esto es relevante para el conocimiento en general, pero crucial para el conocimiento científico (ver Estany, 2001).

Se podría argumentar que la mayoría de las teorías sobre la innovación ya contemplan muchas de las eventualidades que estos modelos cognitivos señalan sobre la intervención de elementos sociales, culturales, personales, etc.; sin embargo, la cuestión está en que estos modelos cognitivos vienen a fundamentar los estudios empíricos sobre cómo se llevan a cabo los procesos de invención, innovación y descubrimiento. Por poner solo algunos ejemplos, la importancia de la estructura organizativa en las empresas e instituciones y la relación entre sus miembros tiene más sentido si la unidad de cognición es un sistema que si es un individuo. Lo mismo podríamos decir de la democratización de la innovación, proceso en el cual, aunque el usuario líder es clave, este no actúa en soledad sino en un equipo empresarial o institucional que lo incorpora en el proceso de innovación. En todos estos casos el que la innovación llegue a buen término o no depende del sistema en su actuación como una unidad, no de un solo individuo, de la misma forma que el aterrizaje del avión en el aeropuerto o la entrada del barco en el puerto depende de que el equipo de cabina o de la sala de máquinas, según el caso, funcione correctamente.

De alguna forma, la introducción del contexto supone también que cualquier innovación en los elementos externos al individuo puede afectar al sistema y, en consecuencia, al éxito de la innovación, por ejemplo, un cambio en la organización (jerárquica o en red) en los medios de comunicación o en las relaciones personales entre los agentes implicados puede tener un impacto, positivo o negativo, en los resultados.

Otro de los elementos importantes es el papel que los artefactos tienen en el sistema como unidad de cognición por lo que hace que la innovación tecnológica adquiera especial relevancia. No cabe duda que la tecnología aportada por la informática no solo es una innovación y una fuente de creatividad sino que se ha convertido en un instrumento imprescindible para muchas innovaciones en todos los campos, no solo científicos. Los modelos de cognición distribuida dan cuenta de la interacción de los agentes con los artefactos y de la medida en que favorecen la cognición.

Capítulo 5: INNOVACIÓN EPISTEMOLÓGICA Y METODOLÓGICA

En cierto modo, ya se ha apuntado anteriormente, los científicos han avanzado casi siempre con mejoras sobre mejoras, renovando ideas y pensamientos, con pequeñas o grandes innovaciones. En ocasiones, esta acumulación de conocimientos produce enormes convulsiones y los cambios adquieren aires de totalidad o de nuevas visiones del mundo, que se alumbran como grandes mejoras de principios, teorías emergentes, cambios de paradigma y, en definitiva, ocasiones y situaciones de generación de conocimiento. En estos casos la idea de cambio conlleva aspectos diferenciadores que casi siempre constituyen elementos innovadores, y que, en ocasiones, conforman una innovación plena.

Relacionar innovación y epistemología ya es una novedad. Como hemos visto, la innovación está asociada fundamentalmente a la tecnología y al mundo empresarial. Hasta ahora ni siquiera en la ciencia básica se hablaba de innovación para referirse a los cambios de teorías, o de paradigmas (en términos kuhnianos). Mucho menos cuando se trataba de abordar los criterios epistémicos con los cuales valorar la investigación científica. Por ejemplo, cuando Feyerabend cuestionó la universalidad del método científico apostando por la pluralidad, hasta el extremo de lo que él mismo denominó "anarquismo epistemológico", en ningún caso se lo calificó como innovación epistemológica. Tampoco los cambios metodológicos que los historiadores han analizado se vieron nunca como innovaciones.

¿Tiene sentido hablar de innovación epistemológica?, ¿qué añade a la idea de cambio de criterios epistémicos o de modelo metodológico?, ¿es simplemente una denominación distinta para referirnos a los cambios que tienen lugar en cualquier aspecto de la práctica científica? No cabe duda de que hay un cierto mimetismo en el sentido de que el concepto de innovación se ha inmiscuido en todos los campos, desde los científicos hasta los culturales, pero es posible que en tanto en cuanto cualquier cambio implica una innovación tecnológica, en mayor o menor medida, se ha generalizado el término aplicándolo más allá de su uso original. En consecuencia, el uso de la idea de innovación tiene sentido y se trata de algo más significativo que una cuestión meramente terminológica.

El sentido de innovación epistemológica se puede aplicar, por un lado, a una reinterpretación de los cambios que se han producido a lo largo de la historia de la filosofía en lo que se refiere a la fundamentación del conocimiento y los cambios de modelo metodológico en la ciencia. Va más allá de los objetivos de este libro reinterpretar la historia desde los griegos hasta nuestros días a partir de las categorías de invención, descubrimiento e innovación, ya que los ejemplos son innumerables, desde los tipos de causas de Aristóteles hasta la razón pura de Kant, pasando por el método cartesiano son formas innovadoras de fundamentar el conocimiento. Más directamente relacionados con la ciencia, el método inductivo-deductivo de Aristóteles, la navaja de Occam, los experimentos mentales de Galileo, constituyen nuevos criterios y métodos de investigación. En realidad la historia de la filosofía y de la ciencia es, en último término, un continuo de cambios, tanto en los criterios de fundamentación del conocimiento como en los métodos para la investigación científica. Las transformaciones aquí señaladas son solo una muestra para ejemplificar la interpretación de los cambios en el curso de la historia de la filosofía y de la ciencia como innovaciones epistemológicas y metodológicas.

Partimos de los modelos de ciencia surgidos durante la primera mitad del siglo XX, especialmente el que representó la llamada Concepción Heredada (CH), surgida del Círculo de Viena y reformulada como modelo metodológico por C. Hempel y E. Nagel, entre otros. La CH supone un modelo de ciencia que comporta unas reglas metodológicas y unos valores epistémicos que constituyeron en su momento un marco teórico para la práctica científica. A partir de los años cincuenta empezaron a cuestionarse algunos de los principios del empirismo lógico pero es, indudablemente, en la década de los sesenta, con el enfoque historicista, cuando se produjo un replanteamiento del modelo epistemológico de la ciencia. Sin embargo, tendríamos que llegar a los ochenta para que hubiera una ruptura epistémica con el surgimiento de propuestas relativistas como el constructivismo social a través del *Strong Programme in the Sociology of Knowledge*. Todos estos cambios tienen un trasfondo de innovación epistemológica y metodológica.

El objetivo de este capítulo es explorar los cambios epistemológicos y metodológicos que han experimentado los modelos estándar de ciencia en las últimas décadas, a partir de innovaciones tecnológicas y del desarrollo de las ciencias cognitivas. Con estos objetivos y sin ignorar las múltiples cuestiones que podríamos plantear, vamos a centrarnos en dos de ellas que subyacen a los diversos enfoques en filosofía de la ciencia, desde el empirismo lógico hasta nuestros días, a saber: el papel de los experimentos y la representación del conocimiento. El posicionamiento en cada una de estas cuestiones marca, en mayor o menor medida, la concepción sobre qué es una teoría, qué se entiende por explicación científica, cuáles son los requisitos para la contrastación de hipótesis y cuáles lo son para la aceptación de un descubrimiento. Por un lado, vamos a analizar algunas cuestiones en torno a la experimentación y las diversas formas de representar el conocimiento. Por otro, vamos a ilustrar las innovaciones epistemológicas y metodológicas a través de casos en la práctica científica, entre los que la física ocupa un lugar preferente. La expresión "lugar preferente" en este contexto no es un reconocimiento honorífico o un juicio de valor, es simplemente la constatación de la antigüedad y la madurez vigorosa de esta ciencia, debido a que ha sido y es una de las fuentes de conocimiento racional consolidada y de funcionamiento eficaz gracias a su desarrollo constante en el curso de los siglos.

1. Innovaciones epistemológicas y metodológicas en torno a los experimentos

Los experimentos siempre han estado en el punto de mira de la práctica científica. Ningún científico o filósofo los cuestionaría, aunque el valor epistémico que se les haya atribuido pueda ser muy distinto. El debate al respecto en filosofía de la ciencia no es acerca de su existencia, sino el lugar que ocupan en la investigación científica. Esta cuestión gira en torno al debate entre las tradiciones teóricas y las tradiciones experimentales.[105] No cabe duda de que en la actividad científica confluyen científicos teóricos y experimentales, cuyo trabajo está perfectamente imbricado y en interdependencia mutua. Sin embargo, la filosofía de la ciencia clásica se ha centrado, fundamentalmente, en los modelos teóricos, las leyes y, en general, en el análisis y reconstrucción de las teorías científicas, dejando a la experimentación un papel secundario. Las tradiciones experimentales suponen una nueva forma de concebir la relación entre teoría y experimento.

Para la mayoría de las escuelas, tanto de la tradición heredada como de la visión kuhniana de la ciencia, la experimentación ha estado en función de la teoría, ya sea inspirada por ella o al servicio de la misma pero, en cualquier caso, sin vida propia (Hacking, 1996). El debate sobre la relación teoría-práctica o sobre el papel de la teoría *versus* el papel del experimento es antiguo en filosofía de la ciencia, pero en las últimas décadas ha resurgido con fuerza. Con las investigaciones de estudios de caso, algunos filósofos de la ciencia han puesto de manifiesto la existencia de la carga experimental de la

---

[105] Ver Estany (2013b), Estany y García (2010), Ordóñez y Ferreirós (2002).

teoría. Tal es el caso de Hacking (1996), Galison (1987), Pickering (1995), Gooding, Pinch y Schaffer (1989) y Martínez (2003) entre otros, que proponen una nueva imagen de ciencia. También J. Ordoñez y J. Ferreirós (2002) consideran que la miseria del teoreticismo está en reducir la riqueza y la complejidad del proceder científico a un asunto de mera elaboración conceptual dejando de lado la riqueza de conocimiento que se esconde detrás de las prácticas experimentales.

En este sentido, pensamos que son importantes, y no están suficientemente valorados, los mecanismos que imitan en general los más variados asuntos dinámicos de la naturaleza. De hecho, esta práctica de la construcción de herramientas imitativas es antigua, casi una de las más antiguas. En la actualidad, Nickles sostiene, muy acertadamente, que las herramientas son una fuente de conocimiento y nos enseñan mucho sobre la naturaleza. Un ejemplo bastante recurrente de las ciencias de la antigüedad es el del mecanismo de Anticitera[106], instrumento astronómico procedente de los restos de un naufragio. Al parecer, tenía muchas funciones, como la de representar la esfera celeste, lo cual quizá permitía ir señalando la llegada de las estaciones. También servía como reloj astronómico y tenía diversas aplicaciones de interés, sobre todo, para la astronomía posicional. Se trata de un mecanismo complejo, pero hay otros muchos, más simples, que cualquier estudiante novel de física conoce, entre ellos la palanca, cuya ilustración muestra mejor la noción de fuerza que páginas de explicaciones escritas.

Reconocer la importancia y la validez de las prácticas experimentales en la constitución de la ciencia, su función independiente de la teoría o en igualdad con ella y su papel más allá del verificacionista o falsacionista que usualmente se le ha otorgado, constituye el fundamento de este enfoque en filosofía de la ciencia. Ordóñez y Ferreirós (2002) señalan al respecto:

> Al menos en física, los experimentos cualitativos han sido una parte fundamental de los procesos de formación de conceptos (procesos de formación de datos). Por ejemplo, los experimentos cualitativos en electromagnetismo desempeñaron, desde el primer resultado de Oersted en 1820, un papel fundamental en la elaboración de nociones como líneas de fuerza y campo. Oersted y el propio Faraday trabajaron de manera más intuitiva y directa, modelando sus concepciones según algunos rasgos fenomenológi-

---

[106] Se estima su construcción entre los años 150-100 a.C.

cos (o fenomenotécnicos) que surgían directamente de los experimentos que realizaron y como resultado del experimento, el modelo fenoménico es refinado, acomodado y especificado con mayor precisión. (Ordóñez y Ferreirós, 2002, p. 63).

El paso de ciertas tradiciones teóricas a alguna de las experimentales supone un cambio de modelo metodológico ya que, aunque nadie duda de la importancia de la teoría, el experimento desempeña un papel en la práctica científica que no tenía para la filosofía de corte teorético.

L. Magnani (2009) considera que hay diferentes métodos de descubrimiento y analiza la abducción como innovación metodológica, los campos en los que se aplica, sus diferentes sentidos, etc., señalando que no solo se descubren fenómenos y teorías sino también nuevos métodos para hacer descubrimientos. Así pues, cuando se refiere al descubrimiento cita, por un lado, "el descubrimiento de una nueva enfermedad" (Magnani, 2009, p. 97) y, por otro, los "métodos de descubrimiento" y de "abducción creativa". El primero corresponde a aportaciones al conocimiento sustantivo y los segundos a innovaciones epistemológicas. En ambos casos la práctica experimental se da por supuesta, aunque no se aluda a los experimentos de forma explícita.

También incide en el razonamiento abductivo relacionado con el descubrimiento S.A. Kleiner, quien señala que: "Aportaciones novedosas a uno o más de estos recursos pueden producir el descubrimiento de entidades antes insospechadas, de eventos y procesos y medios para obtener y representar el conocimiento de los mismos" (Kleiner, 2009, p. 81). De nuevo aquí entran los dos tipos de descubrimientos: por un lado, "entidades antes insospechadas", aportaciones al conocimiento sustantivo, y, por otro, "procesos y medios" que son métodos para llevar a cabo los descubrimientos sustantivos.

Los experimentos mentales adquieren una nueva dimensión si los vemos como una forma de simulación, tal como sugiere E. Glass:

> Los experimentos mentales no son meramente formas de la "heurística"; no son solo sugerentes apoyaturas para descubrir, sino que también son esenciales para (y a veces constitutivos de) la argumentación a través de estar justificada por el resultado "ex post facto" (como en el caso de Arquíme-

des)... Heurística y procedimientos justificativos se complementan. (Glass, 2009, p. 63)

La cuestión es si existe algún tipo de relación analógica entre los experimentos mentales y la simulación y, si es así, en qué consiste y cuál es su valor. En consecuencia, nos encontramos con la discusión en filosofía de la ciencia sobre el papel heurístico o justificativo de las analogías.

Un cambio radical en la estrategia de la epistemología es el que propone R. Root-Bernstein (2003) al establecer una relación entre innovación e ignorancia. Esto tendría su correlato en las ciencias aplicadas, para las cuales la creatividad y la innovación consisten en hacer emerger problemas interesantes (al contrario de lo que la mayoría de la gente cree sobre la innovación) especialmente en las ciencias y la tecnología, donde son las formas efectivas de resolución de problemas. Root-Bernstein hace referencia a Einstein para sostener estas ideas: "Einstein argumentó que, en la lucha por cada nueva solución, se han creado problemas nuevos y más profundos. Nuestro conocimiento es ahora más amplio y más profundo que el de los físicos del siglo XIX, pero también lo son nuestras dudas y dificultades" (Einstein et al., 1938, p. 126); y a Charles Eames que señala que "Reconocer la necesidad es la principal consideración para diseñar". Así pues, Root-Bernstein concluye que "Debemos saber lo que no sabemos, antes de que podamos resolver eficazmente cualquier problema. Se podría, sin embargo, afirmar lo contrario: que la ignorancia es infinita". A esta estrategia la denomina *nepistemology* como "el estudio filosófico de lo que no sabemos":

> El estudio filosófico de lo que no sabemos cae bajo el título de *nepistemology*. La epistemología, como muchas personas saben, es el estudio de la forma en que se produce el conocimiento. Su complemento, la *nepistemology*, es el estudio de cómo la ignorancia se pone de manifiesto. A pesar de la extraordinaria importancia de la *nepistemology*, hay poca literatura en este campo, y aún menos practicantes. (Root-Bernstein, 2003, p. 171).

Introducir la ignorancia en la epistemología[107] nos remite a la idea de que ignoramos más de lo que sabemos y que lo importante es la gestión de

---

[107] La palabra "epistemología" es problemática por el hecho de que según qué tradiciones o idiomas se usa de forma algo distinta. A veces, suele usarse como equivalente de "filosofía de la ciencia", más precisamente como "gnoseología de la cien-

la ignorancia. Deberíamos añadir que el relativismo es una pésima gestión de dicha ignorancia.[108]

La historia de la ciencia nos proporciona también abundantes ejemplos de cambios metodológicos. Tal es el caso del paso de una metodología cualitativa a una cuantitativa con la revolución química de Lavoisier, en el siglo XVIII, en la cual desempeñaron un papel fundamental los instrumentos de medición, tales como la balanza y el gasómetro[109]. Especialmente relevantes son los casos del Conductismo y de la Nueva Arqueología, que constituyen auténticas revoluciones metodológicas, en el sentido de que es el cambio de modelo metodológico el que provoca un cambio de paradigma en la psicología y en la arqueología, respectivamente. Esto no significa que solo haya cambiado la metodología, sino que fue esta la que guió todos los demás cambios.[110]

2. Representación del conocimiento

La representación del conocimiento ha sido siempre una cuestión central de la filosofía de la ciencia. En realidad, muchas de las aportaciones de los filósofos consisten en ver qué categorías son las que mejor representan los fenómenos que quieren explicar. Todo el análisis en torno a los conceptos, leyes, teorías y modelos de explicación constituyen diferentes formas de representación, aunque no haya habido acuerdo sobre cuáles de estas categorías constituyen las unidades básicas de representación, que para la concepción clásica, coincidente con el denominado "giro lingüístico", eran los enunciados proposicionales a través de los cuales se formulaban las teorías.

---

cia". Sin embargo, en inglés, *epistemology* significa gnoseología, o sea "teoría general del conocimiento". En el caso de la *nepistemology* está claro que Root-Bernstein la entiende como gnoseología de la ciencia. En castellano encontramos los dos usos, como filosofía de la ciencia y como teoría general del conocimiento. Finalmente, para mayor confusión, el DRAE indica como acepción de "gnoseología" la palabra "epistemología" (o sea, filosofía de la ciencia), algo bastante poco admisible que nos dejaría sin el nombre clásico de la teoría general del conocimiento. Nosotras vamos a utilizar la palabra epistemología como teoría general del conocimiento, dejando la acepción de "filosofía de la ciencia" para la teoría del conocimiento científico.

[108] Ver Estany, Camps e Izquierdo (eds.), 2012.

[109] Ver Estany (1990), para un estudio de la Revolución química a partir de los modelos de T. Kuhn, I. Lakatos y L. Laudan.

[110] Ver Estany (1999) sobre los cambios de paradigma en psicología y Estany (2013a) sobre los cambios de paradigma en la arqueología.

También las propuestas de la etapa historicista —T. Kuhn (paradigmas), I. Lakatos (programas de investigación) y L. Laudan (tradiciones de investigación), entre otros— son formas de representar el conocimiento científico, aunque estas categorías incluyen también la forma de llegar a dicho conocimiento, es decir, no solo muestran la representación del producto sino también del proceso.

La representatividad ha sido a veces un criterio de demarcación entre ciencia y arte, un requisito para la primera, pero no necesariamente para el segundo. El arte abstracto no es representativo pero no por ello pierde su valor estético. Una teoría que ni siquiera pretenda representar la realidad no tiene ningún valor científico. En conclusión, la representatividad no se cuestiona, aunque se discuta cuáles puedan ser las mejores formas de llevarla a cabo.

Desde las ciencias cognitivas, la perspectiva tradicional respecto de la representación, influida por la tradición analítica en la filosofía del lenguaje, sostenía que los conceptos son representaciones simbólicas por naturaleza y pueden ser reducidos a computación de símbolos. Este punto de vista conllevaba un enfoque de la acción según el cual el resultado final de un proceso que empieza por el análisis de los datos sensoriales incorpora el resultado de los procesos de decisión y termina con respuestas (acciones) a los estímulos generados interna o externamente.

A partir de los años noventa, los enfoques antirrepresentativistas han tenido un impacto importante. Timothy van Gelder es un buen ejemplo de este enfoque. En su artículo "*What might cognition be if not computation*" (1995) sostiene que los sistemas cognitivos son sistemas dinámicos que exhiben altos grados de acoplamiento, en el sentido de que cualquier variable está cambiando en el tiempo y todos los pares de variables están, directa o indirectamente, determinando mutuamente las formas de los cambios de las demás. Para Van Gelder, "el agente pos-cartesiano se las ingenia para abordar el mundo sin necesidad de representarlo" (Van Gelder, 1995, p. 381).

Según P. Martínez-Freire, los enfoques no-representacionales plantean problemas a la comprensión de la cognición, ya que "podemos aceptar que el cerebro humano es un sistema dinámico, pero su funcionamiento cognitivo en cuanto tal exige representaciones y no un simple acoplamiento al ambiente" (Martínez-Freire, 2007, p. 126). Que la representación simbólica no es la más adecuada para representar el conocimiento después de las investigaciones de las últimas décadas en ciencia cognitiva es evidente, ahora bien, frente a esta situación hay, al menos, dos alternativas: una son los modelos no-representativos, otra es buscar una nueva idea de representación.

Para esta segunda alternativa hay algunas aportaciones que consideramos especialmente pertinentes.[111] Por ejemplo, podemos señalar la propuesta de V. Gallese (2000) sobre las "representaciones motoras", para las cuales toma en consideración las aportaciones de G. Rizzolatti y C. Sinigaglia (2006) respecto al sistema motor, y el estudio sobre la cognición motora de M. Jeannerod (2006). De hecho, lo que subyace a todas las propuestas que sin ser antirrepresentativistas pueden dar cuenta de la práctica científica y de la experimentación, más allá de los modelos teóricos, es la conexión entre representación y acción, reconciliando algunas de las diferentes articulaciones de la intencionalidad desde una perspectiva neurobiológica, lo cual da lugar a alguna forma de representación motora.

La consecuencia de ello es que si hasta hace poco tiempo el sistema motor era concebido como un simple controlador del movimiento, las investigaciones más recientes apuntan a que este sistema controla las acciones. Nos podemos preguntar qué es lo que realmente constituye el significado de un objeto observado e internamente representado y la respuesta no será una descripción puramente pictórica de su forma, tamaño y color, sino sobre todo de su valor intencional. Por tanto, como apunta Gallese, "los objetos adquieren su pleno significado en tanto en cuanto constituyen uno de los polos de la relación dinámica con el sujeto que está en acción, el cual, a su vez, constituye el segundo polo de esta interrelación" (Gallese, 2000, p. 34). Podemos decir, entonces, que las representaciones motoras nos permiten aunar modelos representativos y modelos dinámicos. Otra forma de abordar la representación es a través de la simulación, y la cuestión está en si hay alguna forma de relacionarla con una representación de la acción. Gallese (2003) señala que la imaginación, como fenómeno cognitivo, puede ser equivalente a la simulación mental de una acción o percepción.

Cuando hablamos de cognición motora no podemos dejar de referirnos a M. Jeannerod (2006), cuyo trabajo hace posible mantener la representatividad del conocimiento sin olvidar la intervención de los factores contextuales. Como en el caso de Gallese parte de la representación de la acción, señalando que "representar una acción y ejecutarla son funcionalmente equivalentes" (Jeannerod, 2006, p. 41). Pero Jeannerod aborda una cuestión que es

---

[111] Ver Estany (2013b) para un análisis de las representaciones motoras y su relación con las tradiciones experimentales.

especialmente pertinente para la práctica científica, a saber: "el grado de conciencia en una acción dada, y cuáles son los factores y requisitos que tiene que tener una acción para ser consciente" (Jeannerod, 2006, p. 45). Es decir, una acción puede o no ser consciente, y para que lo sea se requiere tener conciencia del fin que se persigue, de cómo se llevará a cabo y de quién la realiza. En resumen, los fines son claves para que la acción sea consciente.

De todas estas referencias es fácil concluir que no es necesario abandonar la representatividad del conocimiento para una filosofía de la ciencia en consonancia con los modelos cognitivos actuales. Además, los cambios en las formas de representar el conocimiento experimentado por la filosofía de la ciencia pueden considerarse innovaciones metodológicas (Estany, 2013b).

3   La matemática como instrumento de la innovación en física

En la investigación científica no es infrecuente hallar cambios de perspectiva de distinto calado. Un cambio en una técnica, una transformación matemática oportuna, que agiliza los procesos, una nueva solución a una ecuación, un procedimiento, etc., en ocasiones, no son efectos de gran hondura, pero pueden resultar muy valiosos. Esto es, no tienen por qué suponer grandes mejoras conceptuales, sino simplemente adecuaciones a los contextos experimentales u observacionales que van surgiendo, que siempre añaden conocimiento en algún sentido.

La mayoría supone pequeñas *innovaciones* en métodos establecidos, que permiten mejorar resultados. Antes de la etapa industrial, esta forma de innovación científica era muy cerrada, en el sentido de que solo quienes pertenecían a los círculos adecuados tenían acceso a este cambio. La etapa industrial amplió un poco el espectro social de estas innovaciones menores porque empezó a incluir otros perfiles, más técnicos, aunque seguía siendo un tipo de innovación restringida a determinados ámbitos. Pero en la historia de la ciencia hay cambios de procedimiento que supusieron avances mayores, y desde nuestra perspectiva podrían considerarse innovaciones teóricas de pleno derecho, parangonables, por su relevancia, con inventos o descubrimientos científicos.

3.1 Un cambio de mentalidad o de perspectiva

Aquí vamos a presentar un caso de innovación científica asociado al *cambio de punto de vista o de perspectiva* en el abordaje de un problema de la física, en cuanto supone un cierto cambio de mentalidad.

Se trata del paso del formalismo newtoniano de la descripción del movimiento al formalismo lagrangiano, que modificó considerablemente el tratamiento del problema físico, agilizando su planteamiento matemático en muchos casos y ampliando las posibilidades de comprensión del fenómeno.

El análisis matemático, en manos de Lagrange, adquirió una solidez, una potencia explicativa y una consistencia tales que la construcción racional de la mecánica realizada a través de él posibilitó el desarrollo posterior de otras ramas de la física, que no habían sido tomadas en consideración o bien estaban poco desarrolladas.

Podíamos hacer un inciso para señalar que, aislado de su contexto físico, el método desarrollado por Lagrange se podría tratar como una elegante *invención* de carácter puramente matemático y tendría sentido. El ámbito mecánico en que se desarrolló, como un método útil para resolver un problema ya conocido de la mecánica, nos permite tratarlo como una *innovación* mecánica[112]. Riemann, Hamilton, Poincaré y algunos más realizaron otras invenciones matemáticas históricas de talla pareja que proceden o están asociadas a consideraciones físicas *innovadoras*.

3.2 De Newton a Lagrange

Entre Newton (1642-1727) y Lagrange (1736-1813) media casi un siglo, este lapso se invirtió, por una parte, en madurar bastante el análisis matemático y, por otra, en consolidar la visión mecánica del mundo. Vamos a presentar un caso muy interesante que constituye un ejemplo de *intuición innovadora*. El paso de "lo local a lo global" en la construcción mecánica del mundo.

---

[112] Es interesante señalar este doble carácter: invención de una técnica matemática e innovación de un método de trabajo de resolución de un problema físico.

- *De lo local...*

El formalismo newtoniano, que es el fundacional, está asociado a la descripción del movimiento "punto a punto"; esto significa que el estudio se realiza siguiendo al móvil en cada punto geométrico del camino que sigue (su trayectoria), es decir, que podemos conocer localmente la situación del móvil (o sea, su posición y velocidad).

Esta visión es realmente fecunda y significa un avance en la descripción de todos los movimientos (de tipo desplazamiento de cuerpos sólidos rígidos) que pueden describirse en el mundo, al menos a escala humana, y que al tratarse de una descripción en forma de regla matemática, se expresa con una ecuación (o ley de la naturaleza).

Esta manera de observar y de investigar conlleva una concepción asociada a la causalidad diferencial[113]. Nos parece interesante reseñar, aunque no concierne estrictamente al caso, que Newton, creador y desarrollador de la herramienta del cálculo diferencial, realizó las demostraciones que presenta en las sucesivas ediciones de los *Principia*, a la manera clásica geométrica, lo cual quizá pudiera significar que las demostraciones y los desarrollos propios del naciente método diferencial no hubieran adquirido suficiente legitimidad de forma independiente y requirieran la constatación de otros procedimientos más arraigados o consolidados.

- *A lo global....*

El formalismo lagrangiano, que se desarrolló a mediados del siglo XVIII, prioriza la trayectoria que sigue un móvil para ir desde el punto inicial, A, al punto de llegada, B, sin considerar cómo sigue esta trayectoria, ni siquiera qué trayectoria sigue. Expresado de una manera muy coloquial: no toma en consideración lo que ocurre en cada punto del camino. El resultado último, en ambos métodos de estudio (uno prioriza la trayectoria punto a punto en sentido geométrico y el otro no considera más que el punto inicial

---

[113] Causalidad diferencial: (de manera no técnica) método matemático que estudia el movimiento del centro de masa de un objeto móvil en cada punto del espacio en cada instante temporal. La herramienta matemática es el cálculo diferencial creado y desarrollado más o menos en paralelo por el propio Newton y por Leibniz (1646-1716). La epistemología de Leibniz estaba impregnada de la idea de que todo problema interesante puede reducirse a un buen desarrollo de cálculo. La causalidad diferencial es también una forma de relatar el formalismo newtoniano.

y el punto final) debe ser el mismo (de estar bien realizado, naturalmente); sin embargo, el método de trabajo y sobre todo la mentalidad que lleva asociada cada uno difieren notablemente.

El segundo, al no tener en cuenta la trayectoria punto a punto, es mucho más ágil que el primero y posibilita nuevas actuaciones en otros campos de la física, en ese sentido no conlleva solo una mejora novedosa en el método de trabajo (quede bien claro que no supone una nueva teoría del movimiento, ni una nueva concepción del mundo, ni ninguna transformación o cambio de paradigma); sino que es el punto de partida de una secuencia de cambios en la construcción mecánica del mundo y de nuevos formalismos que fueron surgiendo en los siglos sucesivos. Estos nuevos formalismos sirvieron para refinar y afianzar la construcción clásica de la mecánica del mundo y para desarrollar nuevas ramas de la ciencia física, tales como la termodinámica, la óptica y el electromagnetismo, entre otras subdisciplinas.

Así pues, en sentido histórico, el nuevo procedimiento supuso un avance que fue enriquecido con sucesivas aportaciones que sirvieron para diversificar y optimizar las herramientas matemáticas disponibles para la investigación física. Estas completaron un proceso de crecimiento que comenzó con el paso de la física de fuerzas centrales a la física de principios de Poincaré (1854-1912), impulsor de la física matemática, a veces considerado incluso su creador.

- *El soporte conceptual matemático*

A continuación se presenta el puente matemático que pone de manifiesto la equivalencia de las dos estructuras matemáticas o formalismos. Este puente es un resultado del análisis que se puede expresar así: las soluciones de una ecuación diferencial son las funciones que hacen estacionario cierto funcional asociado a la forma de la ecuación diferencial en cuestión.

i. La ecuación diferencial referida es la ley de Newton escrita en textos escolares a veces ($F = ma$), puesto que a representa la derivada segunda del cambio de posición.
ii. Un funcional es una función de funciones $f(g(x))$ (aunque esta denominación está algo en desuso en ciertos ambientes matemáticos).
iii. Un estado *estacionario del funcional* es aquel que sufre pequeñas variaciones para pequeñas variaciones de la función. Generalmente este funcional suele representar la energía, que es una magnitud física

muy interesante, pero también hay otras magnitudes físicas que se adaptan a las características del funcional.

Y, en definitiva, lo que nos interesa es que esta ecuación diferencial tiene como solución una función que es la trayectoria seguida por el móvil.

La herramienta matemática para discernir la trayectoria que en efecto se sigue de todas las trayectorias teóricamente posibles para ir desde A hasta B es una especie de "receta" matemática, un *principio variacional*[114], que libera al investigador de seguir al móvil en su movimiento punto a punto para describir el movimiento, con lo cual agiliza muchos desarrollos teóricos. Esta herramienta libera del seguimiento incesante, pero al mismo tiempo hace que se desvanezca la visualización (de tipo intuitivo obviamente) que proporciona el conocimiento de cada velocidad en cada posición del móvil. Esta pérdida de intuición física de los hechos conlleva una ganancia de abstracción operativa, el mundo de la mecánica racional.

Esta mecánica racional es inherente a una visión optimizadora de los procesos propios de la naturaleza. Basdevant afirma:

> Los principios variacionales son la forma matemática del superlativo. Esta formulación se hace pidiendo que el valor de una cantidad típica del sistema sea óptima para el proceso tal y como lo efectúa el sistema en relación con lo que valdría si se imaginase una manera diferente de realizar dicho proceso. (Basdevant, 2010, p. 10).

Durante los siglos XVII y XVIII se desarrollaron numerosos ejemplos de principios variacionales, los más representativos de los cuales son el principio de Fermat (1601-1665) y el de principio de mínima acción de Maupertius (1658-1759). El primero se refiere a la trayectoria que sigue un rayo de luz para viajar de un punto a otro y que, según este principio variacional, es aquella en la que la luz invierte el menor tiempo posible.

---

[114] Lagrange, en contacto con el principio de mínima acción y con los trabajos de Euler (a quien se encomendó), se refirió a sus trabajos como "un método enteramente nuevo para abordar estos problemas" (F. Martin-Robine, 2009, p. 105).

El principio de mínima acción de Maupertius[115], según el cual todos los fenómenos naturales tienden a optimizar una magnitud "la acción", haciéndola lo más pequeña posible (principio de economía de la naturaleza). Este principio que tiene un origen conceptual "cuasi-místico" y un carácter a medio camino entre filosófico y matemático (en el sentido de que se escribe muy bien matemáticamente) seguramente se corresponde y se encuadra en una actitud general de mirar el mundo.

Hamilton (1805-1865) estudioso y admirador de los trabajos de Lagrange, continuó, perfeccionó e *innovó* aplicando el trabajo lagrangiano a la óptica, retomando posteriormente la senda de la mecánica y ampliando sus posibilidades en algunos aspectos o llevando los logros de su predecesor un poco más lejos. A propósito de la obra del ítalo-francés escribió:

> Lagrange quizás ha hecho más que cualquier otro analista para dar amplitud y armonía a este tipo de investigación deductiva, al mostrar que las más variadas consecuencias con respecto a los movimientos de los sistemas de cuerpos pueden derivarse de una fórmula fundamental; la belleza del método satisface la dignidad de los resultados, y convierte su gran obra en una especie de poema científico.[116]

- *El cambio de formalismo matemático como innovación*

Consideramos que la invención (creación y desarrollo) de nuevas herramientas matemáticas, así como el sucesivo mejoramiento de las mismas, que la investigación física ha ido demandando suponen:

i. Por una parte, una *innovación epistemológica* en sí misma y,
ii. por otra, una innovación "restringida", o localizada, a un reducido número de usuarios al comenzar a utilizarse para fines científicos diferentes de aquellos para los que había sido concebida, entendiendo

---

[115] Lagrange trabajó directamente a partir del principio de mínima acción y desarrolló su método variacional general para la dinámica. Lagrange empezó a trabajar en este tema muy joven y mostraba sus trabajos a Euler, quien muy pronto se dio cuenta de su talento y le puso en contacto con el propio Maupertius.

[116] "*On a general method in dynamics*" Philosophical Transactions of the Royal Society (1835), p. 95; citado por Youngrau y Mandelstam en *Variational principles in dynamics and quantum theory* (Nueva York; Dover, 1968) p. 44, citado en Don S. Lemons *Perfect form variational principles, methods, and applications in elementary physics*, p. 89.

como fines científicos bien el planteamiento originario para el que se había desarrollado, o bien el enfoque dado al marco teórico en el cual se inscribe dicho estudio; en el ejemplo sometido a análisis, sería la descripción mecánica del mundo. Expresado brevemente, son herramientas que amplían su utilidad a otros campos de la física y que por eso empiezan a ser empleadas por otros especialistas físicos y matemáticos y comienzan, a su vez, a ser perfeccionadas, renovadas e innovadas, *innovación de uso restringida y acaecida en virtud de las nuevas utilidades que les confieren los científicos.*

En este segundo sentido es posible que la innovación se llevara a cabo, en muchos casos, mediante la modelización, la cual en ocasiones procedería de puras analogías matemáticas o de metáforas físicas que se expresan como analogías matemáticas.

En este punto son relevantes las consideraciones expresadas por Henri Poincaré:

> [...] ¿Qué es, de facto, la invención matemática? No consiste en hacer nuevas combinaciones con las entidades matemáticas ya conocidas. No importa quién sea capaz de hacerlo; pero las combinaciones que se pueden hacer son finitas en número, y la mayor parte de dichas combinaciones carecen absolutamente de interés. Inventar, consiste precisamente en no construir combinaciones inútiles, sino en construir las que son útiles, que son solo una pequeña minoría. Inventar es discernir, es elegir.
> Cómo se debe hacer esta elección, lo he explicado en algún otro sitio; los hechos matemáticos dignos de ser estudiados son los que, por su analogía con otros hechos, son susceptibles de conducirnos al conocimiento de una ley matemática, de la misma manera que los hechos experimentales nos conducen al conocimiento de una ley física. (Poincaré, 1908, p. 361).

Asumiendo la idea de invención matemática de Poincaré, nos decantamos por concluir que la invención[117] del formalismo lagrangiano supuso una

---

[117] En cuanto al formalismo lagrangiano, no hay consenso. Cabe la opinión de que se trata de una invención matemática, y esa es nuestra posición así como la de muchos matemáticos, pero hay que señalar que hay otras tendencias de pensamiento

innovación en la física de las fuerzas centrales (la física asociada al estudio local de la dinámica de un objeto rígido), que a su vez fue el germen de nuevas mejoras, nuevas visiones, perfeccionamientos que dieron lugar a otros formalismos cada vez de mayor alcance, que supusieron una secuencia de innovaciones en una suerte de evolución que expresó Poincaré, como el paso de la física de las fuerzas centrales a la física de los principios, y que a su vez se consolidó en los conocimientos de los que se ocupa la física-matemática.

4. El papel de las analogías en la innovación epistemológica y metodológica: el caso del sistema solar y el átomo.

Mirado a la luz de la idea de innovación epistemológica y metodológica, el caso del sistema solar y el átomo constituye un ejemplo clásico de transferencia de conocimiento. Las metáforas en física, que se pueden entender como analogías matemáticas escritas en forma de "fórmulas", son frecuentes y muy fecundas. Veamos algún ejemplo con el fin de efectuar un análisis, no tanto en los aspectos puramente conceptuales concernientes a la ciencia en sí misma de modo directo, como a la concepción del mundo que esta conlleva.

El atomismo griego, metodológicamente asociado a la idea de vacío fue desechado oficialmente durante muchos siglos. Sin embargo, el trabajo de Evangelista Torricelli (1608-1647), geómetra italiano copernicano, discípulo de Galileo, demostró la existencia del vacío en un experimento dirigido a detectar la causa que impedía que el agua extraída con bombas no se elevara más allá de cierta altura (problema de ingeniería hidráulica que traía de cabeza a los ingenieros florentinos y genoveses durante el siglo XVII).

La noticia tuvo una enorme repercusión en el mundo científico europeo y llenó de alegría a todos los investigadores que desarrollaban el atomismo como la opción más viable para desentrañar la estructura de la materia en ese momento, enfrentándose en cierto modo a la tendencia prevalente.

Se trata de un caso clásico de un avance importante de la ciencia básica que surge a partir de la resolución de un problema técnico. Esto no es novedoso, la historia de la física está llena de estos ejemplos.

---

matemático según las cuales los hallazgos matemáticos se pueden entender como descubrimientos.

Pero si entre las partículas constituyentes de los átomos no existe más que vacío; ¿por qué no pensar que el átomo funciona, por ejemplo, como un sol rodeado de planetas? Se usa deliberadamente el verbo "funcionar" y no algún otro como, "se asemeja", "se parece" o "recuerda", porque la idea que transmite el verbo "funcionar" es mecánica y, además, supone una analogía predictiva, por lo cual consideramos que *esa* es la innovación metodológica que aporta un buen modelo de una *teoría fuente* a una *teoría objetivo*.

- *Ecuaciones, analogías y modelos*

Una ecuación es la formalización más precisa de la abstracción emergente de una analogía estructural encontrada (y expresada) matemáticamente. La búsqueda de analogías (o entre analogías) es una manera fructuosa de encontrar o formular teorías afines y, en definitiva, de comprender el mundo, reflexionar, inventar y crear. Las ecuaciones y las analogías están en la base constitutiva de los buenos modelos.

- *Del sistema solar al átomo clásico*

La idea de que el átomo es un sistema solar en miniatura, que no es solo una bonita metáfora sino un ejemplo clásico de analogía entre dos ecuaciones importantes de la física de aspecto similar. Observe el lector la similitud de ambas ecuaciones[118]:

$$F = G \frac{Mm}{r^2} \frac{r}{|\vec{r}|}$$

$$F = -\gamma \frac{Qq}{r^2} \frac{r}{|\vec{r}|}$$

Centrémonos, pues, en la relación entre los objetos que intervienen, la primera cosa que se observa es que dicha relación es del mismo tipo; la for-

---

[118] El lector experto notará que la escritura aquí presentada es elemental y representa la idea sencilla que se transmite en la escuela. Hemos optado por ella, tras reflexionar que escribir las ecuaciones en esta forma simplificada y esquemática —en lugar de la forma más usual entre los científicos, que añade más rigor técnico a la expresión matemática— basta para expresar la idea que se pretende comunicar aquí.

ma matemática es similar (en apariencia las dos fórmulas son prácticamente idénticas).

Así, a primera vista, y salvando las peculiaridades métricas del tipo de distancias y las dimensiones en las que tienen validez ambas fuerzas, además de considerar las características físicas propias de los objetos que vinculan cabría pensar que algún valor predictivo podría tener la ecuación *target* (la que representa relación entre las partículas cargadas -por ejemplo en un núcleo atómico y su corteza-) basado en la ecuación *source* (la relación atractiva entre objetos dotados de masa), es decir, que no se trata de una bonita metáfora sin más, sino que no es descabellado esperar alguna analogía física, buenas ideas que producen conocimiento, por más que nuevas teorías permitan desecharlas total o parcialmente (o no).

Desde luego, al menos en apariencia, por el tipo de dinámica que desarrollan ambas clases de objetos, el hecho de que esta se exprese de modo similar puede representar algún comportamiento parecido (por ejemplo, en los aspectos puramente mecánicos). Creemos que podemos concordar en que, como primera aproximación, es buena[119], y después ya veremos.

De los modelos matemáticos para ser considerados válidos y de cierta utilidad cabe esperar predictibilidad. Analicemos paso a paso, someramente, de forma lo menos técnica posible, los elementos de las dos ecuaciones.

- *Comentarios sucintos sobre las ecuaciones*

- Las fuerzas, F, son de naturaleza muy distinta en ambos casos: en el primer caso siempre es atractiva, mientras que en el segundo puede ser atractiva o repulsiva; en el primer caso es de largo alcance, mientras que en el segundo es de corto alcance. Y, en definitiva, la primera es mucho más débil que la segunda, sin embargo es la que se detecta con mayor claridad, porque inunda el universo, es el pegamento, significa la cohesión entre los entes que constituyen el mundo.

---

[119] Aquí la metáfora, que es de inmediato percibida como una analogía física, se ha transformado -o visualizado- en una afinidad estructural asombrosa entre el mundo de lo grande y el mundo de lo pequeño y se plasma matemáticamente como un modelo matemático con un valor predictivo relativamente alto, que recuerda en cierto modo otros tipos de visualizaciones del cosmos o de "conocimiento" no racional.

- Las masas, M y m, siempre se atraen, mientras que las cargas, Q y q, si son de distinto signo se atraen y en caso contrario se repelen.
- La magnífica proporcionalidad inversa del cuadrado de la separación termina de completar el cuadro de similitudes.

La fuerza gravitatoria es la primera de las cuatro fuerzas fundamentales a las que el ser humano accedió para describir el universo; sin embargo, se trata de la más difícil de encajar en una teoría general, aun en las primeras décadas del siglo XXI entorpece la unificación de las dos grandes teorías físicas del siglo XX.

Los experimentos que precedieron a la elegante metáfora son significativos y profundamente orientadores; en otras palabras, la metáfora no surgió *ex nihilo*; y de la metáfora a la analogía matemática, nuevamente experimentación, laboratorio; trabajos que si bien iban dirigidos claramente y en busca de algo que permanecía en una seminiebla de intuición cada vez conllevaban mayor constatación de los hechos en estudio.

El modelo atómico del sistema solar, aun con sus enormes diferencias y que se materializa en algunas deficiencias, parece que respondía bien en muchos aspectos y permitía hacer algún tipo de predicción de comportamiento, basada fundamentalmente en la analogía geométrica primordial de ambas estructuras y la analogía mecánica que conlleva o que podemos considerar asociada a ella.

- *El movimiento como interfaz Geometría-Física*

> [...] la geometría es pues la lengua en la cual el físico expresa las leyes de la naturaleza. Si bien esta formulación puede rememorar la idea de Galileo, hay una diferencia importante: ahora sabemos que existen muchas geometrías, como lo prueban las geometrías no euclídeas, y la física se encuentra pues frente a una verdadera elección, puede escoger qué lengua utilizar. Para el físico, la geometría más cómoda, su "lengua materna", es la geometría euclídea. Pero nada le impide, a priori, elegir otra lengua, otra geometría. (Toncelli, 2013, p. 174)

La geometría y el "movimiento" forman una pareja tan bien avenida que a veces resulta difícil delimitar dónde empieza una y dónde termina otra.

Hay muchos asuntos de la mecánica que se comprenden mejor como geometría y, en sentido inverso, hay mucha geometría que es pura mecánica. Posiblemente, la analogía esté en la clave de todo, pero el movimiento es casi con seguridad el puente o "comentario". La balística está en el origen del conocimiento mejorado de las cónicas. Tomando como referencia el teorema fundamental del cálculo pensado en términos cinemáticos, la noción de área también tiene una buena presentación mecánica múltiple, y algunos otros objetos matemáticos se prestan a ser comprendidos o vistos con una claridad distinta a través de la comprensión de una analogía mecánica de los mismos.

Pero no solo esta es la situación en la que una de las dos apoya a la otra como método de razonamiento o incluso de demostración, sino que en ocasiones, la mecánica y la geometría se hacen indistinguibles entre sí, por lo que es muy difícil delimitar sus fronteras.

En general, las curvas mecánicas, que son elementos descritos por las reglas de la geometría y por las leyes de la mecánica, vienen determinadas por el movimiento o significan la visualización del mismo.

- *El movimiento periódico, base de la analogía entre el caso kepleriano y el culombiano (sistema solar y átomo clásico)*

La analogía que existe entre los dos sistemas físicos que, a modo de ejemplo[120], hemos presentado en este capítulo no es baladí, ni una banalización más o menos poética de hechos científicos. Se trata, eso sí, de la simplificación de una observación científica, que proporciona una visión comprensiva y unificadora de dos observaciones previas sobre hechos complejos diferentes, menos elaboradas científicamente y que, de no ser tratada con cautela, puede conducir a error y a conclusiones precipitadas y con poco sentido, o por otra parte a desechar cualquier posible indicio de aportación.

Los electrones atómicos están atrapados en un potencial culombiano muy similar al potencial kepleriano que condiciona las estructuras planetarias análogas al sistema solar.

La analogía aquí mostrada tuvo en su momento un cierto carácter innovador en el ámbito social y no solo científico, puesto que promovía la introducción de las formas propias de estudio e investigación de una ciencia en

---

[120] Hay que señalar que es una presentación elemental.

otra, incrustando, conjugando e imbricando fenómenos naturales aparentemente no relacionados al menos inicialmente y de modo directo, y esto de utilizar "herramientas ajenas" es una forma de cooperación abierta y muy innovadora.

En los aspectos científicos, cabe señalar, que a partir del encuentro de estas analogías se generó una importante cantidad de conocimiento que fue desbordado por muchas razones experimentales y teóricas, pero también propició aportaciones de ideas. Incluso contribuyó a la génesis de conocimiento en situaciones afines, y de su propio perfeccionamiento surgió su superación. En la actualidad, su innegable carácter didáctico hace indispensable el trabajo con estas ecuaciones.

No cabe duda que las analogías tienen un papel importante en la comprensión de los fenómenos, en la creación de hipótesis, en la conexión de hechos experimentales aislados y en su integración en una teoría general de la materia. Las analogías poseen una capacidad heurística que las hacen muy pertinentes en la práctica científica. Las teorías globales se construyen a partir de (y con) ejemplos y a partir de (y con) conocimientos locales.

5. La simulación computacional como fuente de innovación

La simulación computacional crece y se extiende a todos los campos científicos y tecnológicos, pero no solo eso, que de suyo no es poco, sino que progresivamente se abre a más campos y se torna interdisciplinaria. Haciendo referencia a J-L Lions y su "trilogía universal", las matemáticas y la simulación computacional nos proporcionan un buen número de ejemplos cuyo estudio completo sería motivo de un trabajo mucho más extenso, pero de los cuales unos pequeños esbozos de análisis pueden servir para poner de manifiesto la idea fundamental de esta sección, que consiste esencialmente en mostrar casos de innovación relacionados (o provenientes) de la simulación en computación.

Algunos de los ejemplos señalados a continuación mostrarán las ventajas que proporciona la simulación computacional; por ejemplo, aislar elementos, procesos o fenómenos que ayudan a la comprensión del proceso considerado en su totalidad, globalmente, y que en el mundo físico no resulta factible considerarlos (instrumentos musicales) por limitaciones prácticas o porque su aislamiento conlleva perturbación. La simulación computacional no siempre es innovadora en sí misma (aunque lo fuera inicialmente); sin embargo, el uso que se puede hacer de ella permitiendo aislar elementos o procesos de análisis, estudiar fenómenos a largo plazo, etc., puede producir resultados innovadores o inductores de la innovación, sin olvidar nunca que no toda actuación o uso inteligente de algo supone necesariamente una innovación.

5.1 La física de los sistemas físicos "multifísica"

En este punto se analiza una situación científico-técnica y social (entendiendo lo social, con pocas excepciones, como lo referido a las sociedades formadas por los conglomerados de expertos, académicos o no). Se trata de la innovación inherente a la introducción de algunos métodos y procedimientos computacionales en las distintas etapas de la construcción de las teorías científicas, de los procesos tecnológicos y de otros aspectos de la creación científica y tecnológica. Estos procesos de innovación implementan en muchas ocasiones los conceptos sustentadores y los marcos de referencia derivados de las dos grandes teorías del siglo XX: la mecánica cuántica y la teoría de la relatividad.

- *La primera innovación del ordenador*

Los sistemas físicos multifísica, en el sentido digital de soportados computacionalmente, en principio suponen la reproducción de los sistemas físicos comunes o del mundo físico (llamado real) en el ámbito computacional. Los procesos en que intervienen ambos sistemas "separados", entendiendo esta expresión como mezclados sin pérdida de las características propias de cada uno de ellos (o sin constituir un nuevo ente),[121] implican una especie de inmersión de uno de los sistemas en el otro, un sistema creador que se presta a ser analizado y reproducido por el sistema creado, un contenedor que es contenido por el sistema del cual él es continente, en un fluir donde se pasa de un sistema al otro sin solución de continuidad. Una relación de regulación, supervisión y control mutuamente realizada, con lazos técnicos complejos, pero cognitivamente separados[122].

---

[121] Esta consideración es una aproximación, pues algún tipo de perturbación o pérdida de "personalidad" se produce en la interacción por pequeña que esta sea.
[122] La idea es minimizar los errores que se producen en los procesos computacionales (en los casos de simulación numérica son acumulativos y de consecuencias im-

Al comienzo, estos sistemas se instalaron en las ingenierías, porque el ordenador resulta muy útil para analizar procesos industriales en fase de tentativa, proto-procesos y procesos simulados, por ejemplo en robótica, en aplicaciones médicas, etc., y en ese sentido originario eran tomados como herramientas útiles y complejas (o sofisticadas en sentido anglosajón), pero valiosas.

Y así han surgido empresas ingenieriles especializadas en la física de los sistemas multimedia o *multifísica* que prestan servicios concretos a proyectos de investigación básica y resuelven determinados problemas en cualquiera de los campos de investigación básica de los que se ocupa, a la par que dan servicio a empresas que afrontan problemas tradicionales de ingeniería.

Entre los ejemplos de trabajos de investigación multifísica para aplicaciones científico-técnicas podemos señalar los siguientes: física de fluidos, reacciones químicas, campos electromagnéticos, dilatación térmica, piezoelectricidad, transferencias de calor, mecánica de sólidos y uso de ecuaciones.

El perfeccionamiento computacional y la red dieron origen a lo digital, lo digital implica lo virtual[123] y la convivencia de ambos origina sistemas híbridos, de superposición, de incrustación, absorción transversal y de proyección de mundos o de sistemas físicos unos en otros (que resultan un poco difíciles de comprender en la vieja concepción de contenido y contenedor en el sentido rígido y tienen un significado más difuso, en el sentido de intercambiable; o débil, en el de no geométrico).

- *La segunda innovación del ordenador*

Pero este uso evoluciona[124] y se está ampliando a la investigación básica, como un elemento del soporte investigador en dos caminos principales:

---

previsibles) y evitarlos totalmente en la medida de lo posible, es decir en los límites de funcionamiento óptimo.

[123] No contrapuesto a lo real, porque lo opuesto a lo real es lo ficticio, aunque en algunos ambientes incómodos con lo híbrido se sigue considerando lo virtual como una especie de ficción.

[124] Parece que una buena imagen de esta evolución es una transformación de tipo topológico (es decir de deformación conexa) en la que determinadas propiedades se preservan.

i. Simulación experimental. Experimentos simulados (ya de antiguo vienen los experimentos mentales[125], que son experimentos análogos a experimentos simulados) de manera parecida a como las mentes son parecidas a las herramientas simuladoras (digamos los computadores).

ii. Simulación observacional (composición de fotografías o películas proporcionadas por telescopios espaciales, por ejemplo para simular un choque de galaxias, la NASA efectúa este tipo de trabajos) un ejemplo de sistema híbrido. Observaciones simuladas.

- *La simulación como innovación*

En sentido genérico, la idea global de simulación (como idea) es una innovación clásica de la ciencia, se simulan aquellos procesos que no se pueden tratar de modo directo de una forma eficaz o sencilla, y eso es una práctica común entre los científicos. Pero hay que introducir, como inciso, el matiz de que una simulación concreta puede significar una innovación particular.

El experimento mental posiblemente sea una de las primeras manifestaciones de la simulación científica. Normalmente es una práctica que sustituye al experimento físico, casi siempre porque este es irrealizable. Para evitar confusiones, cabe subrayar que un experimento mental no es un conjunto de suposiciones (de índole físico-matemático) o de abstracciones que forman parte también del proceso, ni tampoco son las formalizaciones matemáticas del mismo. Un experimento mental es una herramienta utilizada para el estudio de conceptos y teorías. Se trata de imaginar situaciones en las que se pone a prueba una hipótesis para comprobar la coherencia con una teoría determinada.

Sin embargo, los resultados obtenidos de un experimento mental confirman o prefiguran una definición de principio (o definición sustentadora) mejor que un hecho físico constatable. En este sentido la ley de inercia de Newton es imposible de verificar experimentalmente, y funciona como una definición (concretamente Poincaré es quien mejor expresa esta posición).

---

[125] Los sistemas computacionales son buenas metáforas del cerebro o de la conciencia humana y viceversa, en el sentido de que son sistemas físicos contenidos en sistemas físicos que los "comprenden" (abarcan), pero que a la vez son estudiados o comprendidos (abarcados) por ellos.

- *La simulación experimental (computacional)*

En la visión aquí presentada, un experimento simulado es un experimento realizado en un sistema físico distinto del sistema físico del cual se precisa encontrar la información y el conocimiento que dicho experimento proporciona. En ese sentido, un experimento simulado, por alguna razón distinta que se corresponde con cada tipo de caso, es más sencillo de llevar a cabo que un experimento en el que se implique directamente el sistema físico para el cual originariamente sería útil la información proveniente de la buena realización de dicho experimento.

Los experimentos simulados son similares (pero no idénticos) a los experimentos realizados en un laboratorio, o en general en un escenario o situación, más o menos convencional, o con instrumentación convencional puesto que el cambio de sistema físico suele conllevar un sutil cambio de ciertas propiedades (asociadas seguramente a la naturaleza física-estructural del nuevo sistema), y esta no congruencia, sin embargo, no aminora el valor de la simulación, pues en numerosas ocasiones opera en condiciones en que los límites humanos en confluencia con el sistema físico principal entorpecen (o imposibilitan) el desarrollo del experimento real, piense el lector en experimentos astronómicos, o aquellos en física del estado sólido en nuevos materiales, a nanoescala. Un aspecto interesante en ambos rangos de dimensión es la confluencia, imbricación o relación "entrañable", permítasenos esta expresión, de la física y la matemática.

- *La simulación observacional (computacional). Un ejemplo astronómico.*

La combinación de los grandes telescopios orbitales (también los más potentes telescopios terrestres) con los métodos de cálculo y de puesta a prueba de los modelos matemático-astronómicos y computacionales, permite realizar observaciones "no observadas" en el sistema físico de la naturaleza u otros sistemas "reales".

Los precedentes, como en el resto de los conceptos asociados a la simulación computacional, también cabe buscarlos en los experimentos mentales con sus correspondientes resultados y conclusiones.

Mediante el cálculo computacional, las fotografías astronómicas y otras informaciones técnicas se consigue realizar una composición que se transforma en un programa computacional con el fin de simular observaciones en el ordenador; por ejemplo, es posible simular un choque de galaxias.

La realización teórico práctica de la astronomía da cuenta de fenómenos como las colisiones intergalácticas y, mediante la realización de mediciones indirectas, se efectúan predicciones que pueden ser cotejadas con los resultados esperados por las teorías en vigor, predicciones que aportan conocimiento en forma de refutación, parcial o total, o en forma de confirmación, de construcción de nuevas preguntas y resolución de problemas o elaboración de respuestas.

Bien, pues este tipo de procedimientos se puede llevar a cabo computacionalmente con los correspondientes ajustes de acoplamiento de sistemas.

6. Relación entre modelización y simulación

La modelización matemática está en la clave del valor predictivo de la simulación. La simulación de hechos teóricos o de hechos prácticos probatorios de teorías, casi siempre apoyada sobre modelos matemáticos, es una tentativa verificadora/refutadora o rectificadora de la validez de las predicciones que los modelos proporcionan, es al mismo tiempo una herramienta de control.

Se corresponde, en cierto sentido, con un modo tecnológico del pensamiento abstracto de las simulaciones mentales; si los experimentos mentales no son, casi nunca, experimentos trasladables al sistema conformado por el mundo (cualquiera sea la idea de sistema del mundo en que esté involucrado nuestro pensamiento) sí pueden llegar a serlo de los sistemas computacionales; aunque los ordenadores constituyan un sistema físico diferente, esta posibilidad se establece debido a que mediante ciertos cambios cosméticos se puede establecer un *isomorfismo* más o menos perfecto entre ambos sistemas.

Puesto que la simulación ha sido tratada en los párrafos precedentes, vamos a detenernos un poco en el significado de los modelos matemáticos, en el apartado siguiente.

6.1 Modelización

E. Malinvaud, en su libro *Méthodes statisques de l'économetrie* (Paris, Dunod, 1964), escribió: "Un modelo matemático es la representación formal de ideas o conocimientos relativos a un fenómeno"[126]. Así pues, las características de un modelo matemático pueden resumirse en tres puntos fundamentales, no separables uno del otro:

- Un modelo matemático es la representación de un fenómeno;
- Tal representación no es discursiva, o con palabras, sino formal, esto es, se expresa en lenguaje matemático;
- No existe un camino directo entre la realidad y la matemática. En otras palabras, el fenómeno específico estudiado no determina su representación matemática: lo que se hace es traducir en fórmulas las ideas y conocimientos relativos al fenómeno.

Un breve análisis de estos tres aspectos definitorios resulta interesante: la representación y la descripción que aquí realiza el autor no es verbal ni lineal, sino que en ella se subrayan determinados aspectos característicos del objeto de la modelización, que se presentan en términos formales para determinar con mayor claridad la lógica del proceso.

Al señalar que la descripción no es de tipo lingüístico se significa que es una descripción abstracta. Y esto lleva a la parte más fina y delicada del asunto, que versa sobre el modo matemático en que debe ser tratado, pues de entrada esa manera abstracta e intuitivo-matemática no es unívoca. Y, de hecho, hasta en el caso más simple se dan multitud de circunstancias que impiden conocer y describir bien todo el proceso. Generalizando esta expresión se podría decir que casi nunca la realidad se aviene a una descripción sencilla, lineal, y en general, la sencilla matemática lineal que se aprende en la escuela, llevada a su máximo desarrollo, o bien lleva a la matemática científica (casi siempre no lineal), o bien termina en un recorrido mucho más limitado.

Un ejemplo de esta afirmación encuentra un simpático comentario sarcástico, atribuido a Poincaré, que afirma algo así como que "decir que la naturaleza está descrita en términos de matemática no lineal casi siempre, es

---

[126] Citado en *Modelli matematici. Introduzione alla matematica applicata,* de G. Israel.

parecido a decir que la zoología estudia la mayor parte de las veces los animales que no son elefantes".

El abordaje del mundo físico se realiza desde algunos ángulos diferentes y eso conlleva muy distintas percepciones o perspectivas; los físicos experimentales "sienten" o "perciben". Ambas expresiones (cargadas principalmente de sentido racional no emocional) pueden a veces servir para efectuar descubrimientos, mientras que el físico matemático está más próximo a pensar en términos de invenciones. Ambos observan, analizan y escudriñan la naturaleza haciendo preguntas, resolviendo problemas, generando nuevos problemas y nuevas preguntas, construyendo conocimiento, pero afrontándolos desde mentalidades y puntos de vista diferentes.

La modelización ha tenido un papel muy importante en muchos campos disciplinares. A modo de ejemplo, vamos a detenernos en la innovación del *hardware* en la ciencia de la computación y en la modelización de la química.

6.1.1 Del *hardware* manufacturado al *hardware* de usuario: La innovación del *hardware*.

- *La separación del* software *y del* hardware

En los inicios de la era computacional, el *hardware* y el *software* iban unidos, se proporcionaban juntos al adquirir un equipo y para el usuario no pasaban de ser un paquete formado por dos estructuras indisociables. La diferenciación surgió con el perfeccionamiento técnico y la especialización, de una parte, y con la posibilidad de aumentar beneficios al contemplar los fabricantes la viabilidad de un negocio pingüe, para el cual era preciso que se separasen los caminos.

El *software* se desarrolló y perfeccionó (y continúa haciéndolo) de distintas maneras, simultáneamente al desarrollo y perfeccionamiento de Internet surgió el *software* libre que permanece muy activo y en torno al cual se han reunido un gran número de entusiastas y aportadores de conocimiento.

- *Nacimiento del* hardware *libre, una innovación de usuario (experto)*

Por su propia naturaleza, el desarrollo del *hardware* requiere una estructura tecnológica mucho más compleja y pesada de realizar, y por ello las empresas tecnológicas desarrolladoras de *hardware* precisan un soporte económico mayor y un soporte físico dotado de unas infraestructuras que han sido copadas por grandes compañías; eso ha hecho que los amantes del conocimiento compartido o libre hayan tenido más dificultades para poner en marcha desarrollos de este tipo.

6.1.2 La controversia de la globalización computacional: Un ejemplo de química ampliable a otras ciencias experimentales (con los matices correspondientes)

Recientemente se han publicado trabajos sobre la polémica, que tuvo lugar en las dos últimas décadas del siglo XX, entre químicos expertos en informática y químicos de laboratorio tradicional, que resultó de difícil encaje en los inicios. Parece interesante y jugoso traerlo a este contexto porque ilustra bien las dificultades iniciáticas de esta nueva manera de trabajar.

El uso de recursos informáticos en ciencias experimentales como la química devino una nueva modalidad de investigación, asociada al advenimiento de los ordenadores como instrumento no solo de medición en los laboratorios químicos de investigación. En esta primera etapa, parece ser que los expertos computacionales verificaban resultados de investigación. Cuando entre los años 80 y 90 se extendió el uso del ordenador entre el personal no especializado en computación, por ejemplo, en el caso de los modelos químicos de moléculas, los especialistas computacionales entraron en controversia con los usuarios, los químicos modelizadores. Alexandre Hocquet en una conferencia sobre "*Le logiciel & la chimie computationnelle : une Histoire sous hautes tensions*" en la Universidad de Lorraine (Nancy, France) señala que "el contexto económico de la época implicó tensiones en el mundo académico norteamericano. Por todas partes, los químicos computacionales estaban en el centro de las grandes industrias: fabricantes de ordenadores y la industria farmacéutica, convirtiéndose la última en un mercado potencial de la primera a través de la lógica de la modelización".[127]

Por otra parte estas tensiones han tenido casi siempre lugar entre los científicos, controversias inherentes a la propia naturaleza de la investigación. Aunque se produzcan ralentizaciones o las soluciones se demoren de-

---

[127] www.lct.jussieu.fr/pagesperso/ventura/seminaires/resume_Hocquet.html.

masiado, a veces, son inevitables y hay que contar con su aparición en ciertos momentos críticos.

Las modelizaciones en el campo de los desarrollos químicos, por ejemplo a escala molecular, o en nuevos procesos industriales, de estudio de la cristalografía, de la química orgánica, etc., son numerosos y no alcanzamos a conocerlos en su gran mayoría. También cabría considerar todos los procesos relacionados con las tecnologías derivadas de la química, como son los que tienen lugar en la industria farmacéutica o en otras como las de los plásticos y, en general, los derivados del petróleo, el gas, etc.

A lo largo del capítulo hemos visto algunos cambios experimentados en los métodos, criterios y modelos epistemológicos a raíz, en muchos casos, de las nuevas posibilidades que nos proporcionaban otras disciplinas que actuaban como instrumentos conceptuales potentes, como es el caso de las ciencias de la computación. Al mismo tiempo, hemos comprobado que el desarrollo de las ciencias cognitivas ha tenido un impacto importante en determinados modelos de ciencia relacionados con las formas de representación del conocimiento.

Cabe indicar que la matemática supone muchas facetas, de las cuales la que más nos interesa en este punto es su aspecto instrumental innovador en ramas del conocimiento como las que significan la física y las ciencias naturales en general y la tecnología. De las diversas modalidades de interacción de la matemática con la vida cotidiana y los estudios científicos nos interesa destacar su papel crucial en la modelización y en la simulación, que se ha ido transformando en el curso de la historia intrínseca de la ciencia, pero también en la general de la humanidad, lo cual significa que incluye aspectos sociales, humanísticos, tecnológicos y evolutivos de la humanidad en sentido amplio.

En este trabajo se han elegido ejemplos clásicos y muy bien estudiados para representar y expresar estas ideas por su crucial importancia para el desarrollo de la ciencia en los siglos posteriores.

Eso nos ha llevado a tratar la importancia de la modelización y de la simulación, como casos, no únicos, pero sí destacados de la forma de progreso de la ciencia y del conocimiento general que se apoya sobre las ciencias básicas. Al tratarse de actividades muy dinámicas en la actualidad y en franco desarrollo innovador nos interesan especialmente.

El advenimiento de las ciencias computacionales y de las disciplinas científicas y tecnológicas, surgidas del desarrollo de la ciencia de los materiales, impulsan el avance del conocimiento, tanto científico como tecnológico, haciendo posible el desarrollo teórico y práctico. A ello ha contribuido, indiscutiblemente, el enfoque interdisciplinar que facilita las relaciones entre los diversos campos que convergen en los complejos fenómenos abordados por la ciencia.

Capítulo 6: PROGRESO EN LAS CIENCIAS DESCRIPTIVAS Y DE DISEÑO

La idea de progreso, en cualquiera de sus acepciones, está asociada con ciertos criterios de "valoración" que no son absolutos ni categóricos, sino que posiblemente dependen del ambiente, de la filosofía y de creencias del momento, pero simultáneamente estos criterios son fuertes y se enraízan en las distintas actitudes vitales y formas de organización, cultural y sociológicamente circunstanciales. La Real Academia Española define el término "valor" en su acepción filosófica como "la cualidad que poseen algunas realidades, consideradas bienes, por lo cual son estimables". Es decir, los valores son ideas acerca de lo que es deseable, por tanto, de los valores no decimos que son verdaderos o falsos sino buenos o malos. Hay que tener en cuenta que la apreciación de lo que es un valor también es cambiante y está sometida a las variaciones propias del desarrollo general humano y de las culturas diferentes. Esto es un recordatorio de que los valores no son entes absolutos e inmutables, aunque algunos posiblemente son básicos y universales por estar asociados íntimamente a la propia vida humana. En cualquier caso, la idea de progreso tiene connotaciones positivas, si bien en ocasiones comportan aspectos que desde el punto de vista planetario del valor son negativos o parcialmente perversos[128], en otras ocasiones simplemente se confunde una novedad con progreso. Progreso o mejora en el conocimiento científico (cualquiera que sea esta), son conceptos muy próximos, a la vez que motivo de discusión por la dificultad de definición[129]. De aquí que se ponga en evidencia las contradicciones con determinado tipo de innovaciones. Por ejemplo, después de la Segunda Guerra Mundial, con episodios como las bombas en Hiroshima y Nagasaki y catástrofes en diversos ámbitos, desde accidentes en centrales nucleares hasta la caída de puentes, llevaron a cuestionar la conexión automática entre progreso científico/tecnológico y progreso para la humanidad. Al mismo tiempo, estos hechos provocaron un

---

[128] Como en los casos en que los beneficios no son generalizables a todos los seres humanos, sino que la condición de beneficio es necesariamente parcial por su propia definición.
[129] Ver Estany (2005). Hay que señalar que en el Capítulo V, sobre innovación epistemológica, se desarrollan ampliamente las cuestiones sobre el progreso en las ciencias descriptivas a través de los valores epistémicos. Es por ello que en este capítulo nos centramos más en las ciencias de diseño en las cuales son centrales los valores contextuales y el progreso que conlleva consecuencias prácticas para la sociedad.

planteamiento de cuestiones de tipo ético referidas a las ideas de progreso e innovación.

A la hora de abordar con efectividad la idea de progreso científico en el marco de la innovación necesitamos hacer una serie de consideraciones. En este sentido, es fundamental analizar los distintos tipos de valores y cómo éstos inciden en la práctica científica. En buena medida la relevancia de estos valores depende de los objetivos y al no ser los mismos en las ciencias descriptivas que en las ciencias de diseño los indicadores del progreso tampoco pueden ser los mismos. En el caso de las ciencias descriptivas tienen especial incidencia los valores epistemológicos para evaluar lo que supone progreso en el sentido de una mayor fundamentación del conocimiento, en cambio en las ciencias de diseño primarán los valores de carácter práctico. Así pues, mientras los valores epistémicos se consideran internos o constitutivos de la ciencia, al resto de los valores se les considera externos o contextuales, en el sentido de dependientes del contexto socio-cultural. Esto no significa que la investigación básica de las ciencias descriptivas esté libre de la intervención de valores no estrictamente epistémicos pero, en principio, se trata de que estos queden al margen a fin de que los resultados sean lo más neutrales posibles.

El objetivo de este capítulo es analizar la complejidad de la idea de progreso, el papel de los valores y su conexión con la innovación en las ciencias descriptivas y de diseño. Para ello, en primer lugar, vamos a clarificar los sentidos de valores epistémicos y contextuales; en segundo lugar, analizaremos su papel en las ciencias de diseño, donde confluyen ambos tipos de valores; y finalmente, examinaremos una serie de casos significativos, desde el papel de la tecnología a las cosmovisiones, a la luz de los distintos indicadores de progreso y de los valores que conllevan.

1. Valores epistémicos

A lo largo de la historia, los criterios por los que se ha juzgado el progreso científico han sido ciertos valores epistémicos como la simplicidad, la objetividad y la capacidad explicativa, entre otros. La cuestión está en que si bien hay cierto acuerdo en cuanto a lo que podemos considerar valores epistémicos, no sucede lo mismo a la hora de establecer una jerarquía de los mismos, a fin de priorizarlos en un momento determinado. Posiblemente también habría acuerdo sobre el hecho de que no hay un algoritmo para saber cuál es el valor que debe prevalecer en una investigación particular. En consecuencia, se produce una tensión entre diferentes valores epistémicos a la hora de elegir entre hipótesis o teorías en competencia (Estany, 2001).

Sin ánimo de hacer un análisis exhaustivo de los mencionados valores epistémicos vamos a mostrar cómo algunos autores hacen referencia a dichos valores. C. Hempel (1983) alude a los "desiderata" que tienen carácter de normas o valores epistémicos y que actúan como restricciones para tomar una decisión entre hipótesis o teorías en competencia; B. van Fraassen (1980) señala una serie de virtudes de una teoría como su coherencia, adecuación empírica, elegancia matemática y simplicidad; A. Goldman (1986) introduce criterios epistemológicos evaluadores como la fiabilidad, el poder y la velocidad; para K. Popper (1962) una buena teoría se mide por su grado de falsabilidad; T. Kuhn (1977) considera una serie de valores cognoscitivos compartidos como el rigor, la consistencia, el campo de aplicación, la simplicidad y la fecundidad; para I. Lakatos (1983) los valores epistémicos son los que determinan los programas de investigación progresivos y regresivos; S. Toulmin (1977) indica formas de resolver problemas que actúan como criterios para hacer progresar la ciencia: refinando la terminología, introduciendo nuevas técnicas de representación y modificando los criterios para identificar casos a los que sean aplicables las técnicas corrientes; L. Laudan (1984) se centra en la resolución de problemas como criterio para valorar el progreso científico; W. H. Newton-Smith (1987) señala los criterios para elegir entre teorías en competencia: éxito observacional, verosimilitud, fertilidad, apoyo interteórico, adaptabilidad, consistencia, compatibilidad con creencias metafísicas bien fundadas y simplicidad; y P. Kitcher (1993) aporta indicadores para evaluar la producción teórica de una teoría: lenguaje utilizado, cuestiones significativas, enunciados sobre el objeto de estudio, patrones explicativos, criterios de credibilidad, paradigmas de experimentación y ejemplares de razonamiento. La lista podría ser muchísimo más larga, pero estos ejemplos muestran el interés de los filósofos de la ciencia por la cuestión de los valores epistémicos.

La aportación de una serie de valores epistémicos no resuelve el problema de la prioridad, una vez hemos descartado la posibilidad de un algoritmo para decidir qué valor hay que priorizar en un momento determinado. En este punto, Laudan (1984) propone el "modelo reticular de la racionalidad científica" frente al "modelo de estructura jerárquica". En el primero, el sistema axiológico, la metodología y los enunciados factuales están conectados por relaciones de mutua dependencia, mientras que en el segundo, cuando hay desacuerdo en el terreno de los hechos, se recurre a las reglas metodológicas compartidas y, cuando hay desacuerdo en dichas reglas, se recurre al nivel axiológico. La propuesta de Laudan resuelve el problema de la relación entre hechos, método y valores, pero no la priorización de los valores en sí mismos. Newton-Smith (1987) propone una comparación que, aunque metafórica, es pertinente para el tema que nos ocupa. Por ejemplo, compara al científico con el enólogo[130], quien tiene conocimientos técnicos sobre el vino, ciertos criterios sobre lo que es y no es un buen vino, pero no un catálogo de cómo y en qué cantidad debe mezclar de cada una de las variedades de uva para obtener un buen producto. De ahí que además de una técnica, la enología también sea un arte. Al científico le ocurre algo parecido. Todos comparten los valores antes enunciados sobre una buena teoría, pero a la hora de combinar la simplicidad con el éxito observacional o con el apoyo teórico, entre otros valores, entra en juego la intuición, aspecto que Newton-Smith considera que desempeña un papel importante en la actividad científica. Esto coincide con la visión de muchos científicos, no solo actuales sino también de otras épocas y, en concreto, con la manifestada por H. Poincaré en numerosas ocasiones.

Es posible que en un momento determinado un científico priorice unos valores en lugar de otros y que esto suponga un progreso en algún aspecto, pero seguramente sería a costa de sacrificar otros valores y, en consecuencia, supondría menos progreso en otros aspectos. El caso del conductismo ilustra bien esta situación. Tanto la capacidad explicativa como el rigor metodológico son valores epistémicos, pero a principios del siglo XX no era factible mantener la conciencia como objeto de estudio de la psicología, tal como abogaba W. Wundt y, al mismo tiempo, mantener el rigor metodológico que exigía el modelo metodológico positivista. El conductismo optó por el segundo, aunque por ello haya tenido que renunciar al estudio de la conciencia. ¿Conllevó progreso científico el conductismo? No cabe duda de que supuso un mejor modelo metodológico desde los estándares de la práctica científica. Sin embargo, los que prefirieron no abandonar el estudio de la mente, aun a costa de hacer concesiones y de rebajar el rigor metodológico, también hicieron aportaciones importantes, tal sería el caso de la psicología de la Gestalt, los modelos propuestos por Piaget y la escuela rusa de Vigotsky y Luria, quienes intentaron lograr un equilibrio entre el rigor del método y la fidelidad al objeto de estudio.

---

[130] El DRAE (online, 23º ed.) define "enología" como: conjunto de conocimientos relativos a la elaboración del vino; y "enólogo" como persona entendida en enología.

De todo ello podemos concluir que el progreso de la ciencia no es una cuestión de todo o nada, aunque con perspectiva histórica podamos analizar y valorar determinadas decisiones. Todos los valores epistémicos están pensados, fundamentalmente, para las ciencias puras o descriptivas en tanto en cuanto su objetivo es conocer y explicar[131] (o expresado con mayor precisión en el sentido científico, interpretar) el mundo natural y social.

2. Valores contextuales

Por valores contextuales entendemos los que tienen relación con los intereses prácticos, culturales, sociales, éticos, etc., es decir, "los valores contextuales de la ciencia se relacionan con el ambiente social, político y cultural en el que se desarrolla la práctica científica; entre los mismos pueden citarse, como ejemplos, el utilitarismo, los beneficios económicos, las creencias religiosas, las ideologías políticas y la cuestión social del género en la ciencia" (Acevedo, 1998: 6). Estos valores son inherentes a las ciencias de diseño, ya que forman parte de sus objetivos. Esto no significa que no intervengan en las ciencias puras o descriptivas, pero en este caso no solo no forman parte de sus objetivos sino que pueden interferir negativamente en los mismos, a partir de introducir sesgos personales o colectivos en el momento de poner a prueba una hipótesis. Si bien no es posible controlar totalmente que dichos sesgos no intervengan en la práctica científica, podemos introducir algunos elementos que mitiguen su impacto, por ejemplo, reforzando la diversidad en los equipos de investigación y favoreciendo una organización

---

[131] Usamos el término explicación en su sentido filosófico. Hemos constatado y comentado en varias ocasiones la diferencia existente entre el lenguaje científico y el filosófico, siendo éste uno de esos casos. En general la mayoría de los científicos consideran muy arriesgado usar el verbo "explicar" en determinados contextos porque puede resultar demasiado contundente; se pueden explicar pequeñas cosas, generalmente asociadas a la pura lógica del razonamiento (casi siempre de índole matemático, deductivo o inductivo), pero los grandes asuntos de la naturaleza –e incluso los pequeños– se interpretan. Los físicos, generalmente, al considerar que la ciencia no explica casi nada (por no decir nada), como se ha señalado, en todo busca acomodos o interpretaciones que con mejor o peor resultado (en el cual el marco y el ambiente son cruciales) cuenta lo que ve y lo usa para conocer y manipular el mundo en busca de su propio provecho, para eso hace predicciones, y ese es uno de los valores mayores de la ciencia. Si bien en un modo muy laxo, podemos hablar de explicar. Lo cual no es óbice para que la mayor parte de los modelos de explicación de los filósofos de la ciencia proceden de la física o consideran la física como la ciencia por antonomasia en la que encajan sus modelos.

reticular para que la interacción neutralice algunos de esos sesgos. Las aportaciones de Kitcher (1993) y Hutchins (1995) van en esta línea. Kitcher señala que hay que tener en cuenta la variación cognitiva de los científicos y que dichas diferencias no son accidentales, sino esenciales y beneficiosas para el progreso científico, ya que la ciencia se atrofiaría si se impusiera la uniformidad. Su máxima sería "hacer de la necesidad virtud", que es el principio epistémico que justifica la utilidad de las juntas médicas en los casos difíciles.

Del modelo de Hutchins sobre la cognición socialmente distribuida podemos sacar conclusiones parecidas. Según Hutchins, la cognición humana es un proceso cultural y social, por lo que la unidad de cognición no es la persona individual, sino un sistema formado por la interacción entre varios individuos y de estos con determinados artefactos tecnológicos. Estas ideas están basadas en el estudio de la cognición en la sala de máquinas de un barco y en la cabina de un avión, pero es totalmente aplicable al equipo de un laboratorio[132]. Una de las ideas importantes para desenvolvernos con los valores, tanto epistemológicos como contextuales, es ver hasta qué punto la estructura del grupo y la interacción entre sus miembros puede influir en reafirmar el llamado "sesgo de la confirmación"[133] o bien neutralizarlo a partir de la variación cognitiva del grupo.[134] Las propuestas de Kitcher y Hutchins tienen que ver con el modo en que los valores epistémicos pueden ser más eficientes y tener menos sesgos, si se tienen en cuenta los modelos cognitivos y socioculturales sobre la interacción entre humanos.

En el momento que introducimos elementos de tipo normativo sobre lo que se "debería" hacer podemos adentrarnos en el mundo de la ética y de los valores morales, pero no es este el sentido de la idea de valor con características de eficiente, ya que puede haber acciones muy eficientes pero condenables desde el punto moral. Situándonos en la práctica científica, una cuestión importante es la distinción entre ética interna y externa de la ciencia, a veces denominadas enfoque internalista y externalista, respectivamente. La primera se refiere, fundamentalmente, al código deontológico de los

---

[132] Ver el Punto 4.1. del Capítulo IV en el que se desarrolla la idea de Hutchins sobre la unidad de cognición.
[133] El sesgo de la confirmación se define como la propensión a afirmar anteriores interpretaciones y a ignorar o reinterpretar la evidencia que va contra una interpretación ya formada.
[134] Ver Estany (2001) "Ventajas epistémicas de la cognición socialmente distribuida".

científicos, en el sentido de lo que en 1940 R. Merton[135] denominó "ethos de la ciencia" y que especificó con cuatro principios centrales: el Universalismo o compromiso con la objetividad; el Comunismo o la disposición a compartir el conocimiento; el Desinterés, estrechamente relacionado con el universalismo y la objetividad, porque se trata de la priorización de estos valores epistémicos por encima de los demás; y el Escepticismo organizado. Merton suponía que los científicos, especialmente en las sociedades democráticas, se rigen en general por estos ideales. El enfoque externalista aborda las cuestiones éticas que pueden plantear las aplicaciones de los conocimientos científicos, así como las políticas científicas propuestas por los gobiernos, instituciones y fundaciones que financian la investigación científica. De hecho la ética externa suele ser acomodaticia con los intereses de quienes ejercen el poder, que son los que muchas veces marcan las líneas de investigación. En el estado actual de la humanidad, parece poco realista pensar que los criterios éticos preceden a las reflexiones innovadoras, más bien sucede en sentido inverso en la mayor parte de los casos, es decir, que una vez se ha realizado la invención surgen las consideraciones éticas.

J.F. Coates (2003) señala que probablemente la mayor parte de las innovaciones futuras tendrán efectos positivos, pero también inevitables consecuencias adversas. Por tanto, al abordar las revoluciones tecnológicas tenemos que referirnos tanto a lo que significan desde el punto de vista estrictamente tecnológico como lo que han supuesto de cambios para la comunidad a la cual va dirigida (*technology transfer*). Para Coates está claro que los gobiernos están involucrados en programas de investigación básica que más adelante reportarán aplicaciones prácticas. Es precisamente en estas aplicaciones cuando la aceptación de las innovaciones puede implicar un proceso revolucionario. Como ejemplos de esta interrelación entre investigación básica y aplicación práctica analiza una serie de campos que supondrán cambios muy importantes en nuestras vidas y en nuestras sociedades. Dice al respecto:

> Obviamente algunas tecnologías, como la tecnología de la información, van a tener consecuencias a nivel universal. Otras, como la genética estará conectada de forma más directa a la biología y ecología de las plantas, los animales y la

---

[135] Merton, Robert K. (1977), *La sociología de la ciencia*, 2 vols., Madrid: Alianza. Incluye los ensayos de Merton sobre el ethos de la ciencia desde la década de 1940. Los cuatro principios generales, en inglés, son: *Communalism, Universalism, Disinterestedness y Organize Skepticism*, por lo que se les conoce como CUDOS.

agricultura. La nueva tecnología de los materiales será muy penetrante. En qué medida se cumplan estas aplicaciones no depende tanto de los avances científicos como de otros factores que determinan la velocidad y el grado en que las adaptaciones se producen en los negocios y la vida personal. (Coates, 2003, p. 1085).

Entre los campos que considera más relevantes para las próximas décadas están el transporte, la ingeniería civil, la salud y la medicina, las manufacturas, los lugares y formas de residencia, los mercados y la educación. Es importante el comentario de que la aplicación no depende tanto del desarrollo científico sino de otros factores sociales y políticos, es decir, de hasta qué punto la sociedad está dispuesta a adoptarlas, y los gobiernos a invertir para que puedan ser aplicadas:

> Por delante queda continuar la tarea de mejorar la calidad de la vida humana a escala mundial en una riqueza sin precedentes. Los perjuicios tan comunes en las primeras fases de la era científico-industrial encontrarán analogías en el futuro. Pero las amplias posibilidades de la ciencia permiten buscar indicadores anteriores de la mayoría de los problemas y proponer las soluciones y sus efectos. Sin embargo, la ciencia y la tecnología no son fuerzas autónomas, sino que ellas y sus beneficios tienen más probabilidades de prosperar en las sociedades democráticas. (Coates, 2003, p. 1092).

Los análisis de Coates son un ejemplo de progreso científico/tecnológico que, a su vez, plantea cuestiones propias de la ética externa de la ciencia, que los Gobiernos de turno no pueden obviar.

Un campo especialmente proclive a plantear problemas éticos es el de la medicina, hasta el punto de constituirse una especialidad como la bioética. Desde luego, el contexto es un factor importante y esto hace que en un momento determinado haya líneas de investigación que acaparan la atención en función de "modas" científicas, intereses económicos y muchos otros factores extrínsecos, lo cual no es óbice para que, al mismo tiempo, reporten un hallazgo novedoso, que abre una nueva vía de investigación, un resultado interesante que propicia nuevos problemas abiertos y/o avances, nuevos enfoques de cosas ya conocidas, que posibilita revisiones de conceptos ya establecidos, o apertura hacia problemas en los que se estaba estancado.

Uno de estos fenómenos en los cuales es más evidente la carga social es la salud/enfermedad, tanto en la cuestión de las prioridades en la financiación de la investigación como en la imagen que la sociedad tiene de las mismas. La comparación entre la diabetes y el sida nos proporciona un ejemplo de cómo el contexto y las connotaciones sociales pueden influir en la investigación. La diabetes es una enfermedad crónica extendida entre toda la población mundial, que puede conducir a la muerte y, en cualquier caso, conlleva una vida de calidad inferior, siempre pendiente de cuidados. El sida, en cambio, con mucha menor incidencia, que genera poca mortalidad humana (debido afortunadamente al menor número de individuos afectados) es una enfermedad "de moda", y muy presente en los medios. Esto supone, entre otras muchas cosas, que los laboratorios y otras entidades invierten mucho menos dinero en la investigación de la diabetes que en la investigación del sida, quizás por el hecho de que la diabetes es más silenciosa (comunicación personal, laboratorio del profesor P. Herrera). Evidentemente, no se está valorando *a priori* esta actuación, simplemente se señala un hecho.

La comparación entre diabetes y sida tiene un precedente en la historia de la medicina, y es la comparación que hace L. Fleck entre la sífilis y la tuberculosis, un caso citado por T. Kuhn en *La estructura de las revoluciones científicas*, y al cual considera una de sus inspiraciones. Fleck se propone estudiar la génesis y el desarrollo del concepto de sífilis a la luz de la epistemología y de la historia de la medicina. La idea central es que un hecho científico no es algo dado sino que se constituye en función de un estilo de pensamiento influenciado por los diversos colectivos de una sociedad determinada. La evolución del concepto de sífilis no puede comprenderse sin las connotaciones sociales y éticas que suponían para una sociedad determinada las enfermedades venéreas. En algún momento Fleck la compara con la tuberculosis que, independientemente de su gravedad, no tenía la carga de rechazo social que tenía la sífilis.

Vemos pues que los valores contextuales están inmersos en la práctica científica, aunque de forma más directa en todo lo que supone la aplicación de los conocimientos científicos que constituye el meollo de las ciencias de diseño, que analizamos a continuación.

3. Ciencias de diseño y modelo praxiológico

En la práctica científica intervienen tanto valores epistémicos como contextuales. La incidencia de factores sociales, políticos y éticos en el caso de las ciencias de diseño está en su propia naturaleza, por lo que consideramos que sus modelos teóricos son especialmente adecuados para abordar el análisis de la ciencia aplicada en toda su complejidad. A su vez, la praxiología proporciona a las ciencias de diseño una teoría de la acción eficiente como modelo de racionalidad instrumental. Vamos a exponer las principales características de estos modelos, indicando en qué consiste el progreso y los valores a tener en cuenta en los procesos de innovación en las ciencias de diseño.

La referencia a las ciencias de diseño desde la filosofía de la ciencia se la debemos, en buena parte, a I. Niiniluoto, quien en un artículo *"The aim and structure of applied sciences"* (1993) toma el modelo de H. Simon para abordar la ciencia aplicada. Niiniluoto considera que la mayor parte de los filósofos de la ciencia han abordado las ciencias aplicadas con los mismos modelos de las ciencias descriptivas o puras, por el contrario, los sociólogos del conocimiento, a excepción de los seguidores de la sociología mertoniana, han hecho el camino inverso, aplicar los modelos de las ciencias aplicadas a la investigación básica.

Las ciencias de diseño son el resultado de un proceso de cientifización y mecanización de las artes, interpretadas estas como habilidades y actividades prácticas. Simon (1996) señala que el modelo tradicional de ciencia ofrece una imagen engañosa de campos como la ingeniería, la medicina, la arquitectura, la economía y la educación, disciplinas que están interesadas en el "diseño", concepto que incluye el sentido de meta o propósito práctico a conseguir, es decir, que no tienen como objetivo saber cómo son las cosas sino cómo tienen que ser para conseguir determinados fines.

A partir de las ideas centrales de Simon, Niiniluoto distingue entre ciencias descriptivas, ciencias de diseño y tecnología. Las primeras nos dicen cómo es el mundo, las segundas qué debemos hacer para transformarlo y la tecnología es el instrumento para esta transformación. Respecto a la tecnología, podríamos añadir que es también, muchas veces, el medio indiscutible e indispensable para el desarrollo de las ciencias descriptivas. Es importante resaltar este punto, ya que en el tratamiento de la relación entre ciencia y tecnología, se pone el acento en que la segunda es una consecuencia del desarrollo de la primera, pero habitualmente se pasa por alto la influencia en sentido inverso, es decir, el caso en que los avances tecnológicos revierten en descubrimientos científicos. Es lo que podríamos llamar "Innovación Tecnológica de la Ciencia" (ITC).

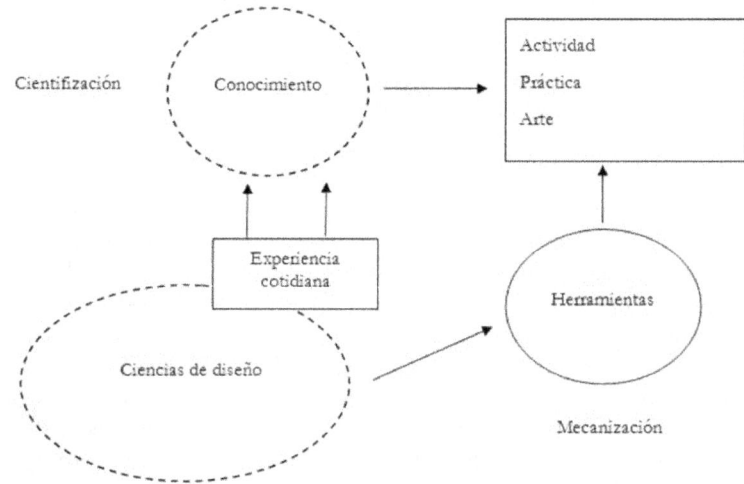

Figura 5. El surgimiento de las ciencias de diseño (Niiniluoto, 1993, p. 10).

PROFESIÓN	PRÁCTICA	ARTE	CIENCIA
Médico	Terapia	Medicina	Ciencia médica
Enfermero	Cuidado de enfermos	Arte de cuidar enfermos	Ciencia de la enfermería
Farmacéutico	Preparación de fármacos	Farmacia	Farmacología
Agricultor	Trabajar el campo	Arte de cultivar	Ciencia de la agricultura
Ingeniero	Diseño de trabajos mecánicos	Ingeniería	Ingeniería
Soldado	Hacer la guerra	Estrategia militar	Ciencia militar
?	Trabajar por la paz	?	Investigación sobre la paz
Político	Política	Política	Ciencia política
Trabajador social	Servicio social	Política social	Ciencias sociales
Comerciante	Comercio	Arte de comerciar	Economía
Maestro	Enseñanza	Didáctica	Didactología
Atleta	Deporte	Atletismo	Ciencia del deporte

Tabla que distingue la profesión, la práctica relacionada, el arte o habilidad para dicha práctica y la ciencia de diseño. (Niiniluoto, 1993, p. 9)

Como vemos, indiscutiblemente, los ingenieros no son los únicos diseñadores profesionales. La actividad intelectual que produce artefactos materiales no es fundamentalmente distinta de la de prescribir fármacos a un paciente, la de programar un nuevo plan de ventas para una compañía o una política de asistencia social. El diseño es, pues, el núcleo de la formación profesional; es el rasgo principal que distingue las profesiones de las ciencias. Las escuelas de arquitectura, de ingeniería, así como las de leyes, educación, medicina, etc., giran alrededor del proceso de diseño. En este sentido, podemos decir que la innovación se plasma en el diseño. Que éste reporte progreso o no dependerá de los valores que prioricemos y estos, a su vez, estarán mediatizados por los objetivos que nos propongamos. El diseñador puede ser considerado similar al artista en tanto no crea los colores y las formas, sino que las combina para obtener nuevas creaciones, dando lugar, a veces, a obras de arte.

3.1 La metodología de diseño

Desde el campo de las ciencias aplicadas se ha cuestionado la metodología estándar de la ciencia porque no encaja con su forma de proceder. Tal como muestra la Figura 6, el método científico consiste en poner a prueba una hipótesis y si esta se confirma a través de una prueba experimental se añade al conocimiento existente hasta que aparezcan contraejemplos que la cuestionen. Aquí, el progreso consiste en que las hipótesis se confirmen y los valores a tener en cuenta son los epistémicos.

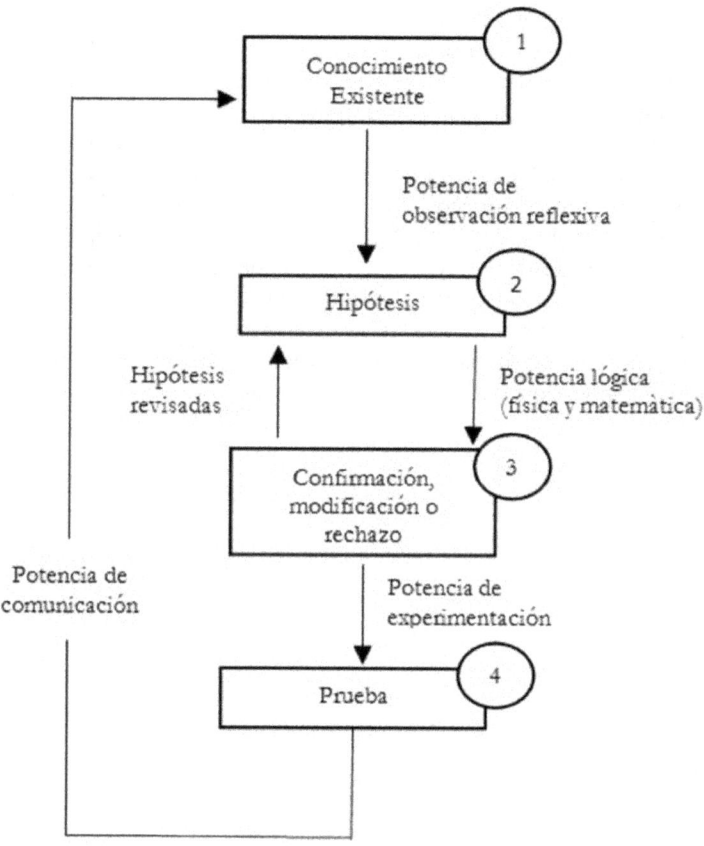

Figura 6. Representación gráfica del método científico según McCrory (1974, p. 160).

Sin embargo, las ciencias de diseño requieren una metodología que dé cuenta de sus objetivos de aplicabilidad. De ahí que se hayan propuesto diversos modelos de metodología de diseño, entre los que podemos señalar los siguientes: Gerald Nadler, (1967) "*An investigation of design methodology*", M. Asimov, (1974), "*A philosophy of engineering design*", A.D. Hall (1974), "*Three-dimensional morphology of systems engineering*" y R.J. McCrory "*The design method-A scientific approach to valid design*" (1974). A pesar de las diferencias entre ellos, en todos los modelos se da una serie de características de la metodología de diseño, acorde con las finalidades prácticas. Por ejemplo, Nadler señala que el diseño es la forma en que se obtienen los resultados útiles, mediante la utilización del conocimiento, las leyes y las teorías desarrolladas a partir de la investigación en ciencias básicas o descriptivas. Asimov considera que el diseño ingenieril es una actividad dirigida a satisfacer necesidades humanas, particularmente aquellas que tienen que ver con los factores tecnológicos de nuestra cultura. Hall distingue tres dimensiones en todo sistema ingenieril: la dimensión tiempo, el procedimiento para resolver un problema y el cuerpo de hechos, modelos y procedimientos que definen una disciplina, profesión o tecnología. Finalmente, McCrory entiende que la función del diseño no es originar conocimiento científico, sino utilizarlo con el fin de que el resultado sea una creación útil. Todos estos autores ofrecen aspectos interesantes pero, dada su amplitud, nos parece que el esquema de McCrory es el más adecuado para aplicarlo a cualquiera de las ciencias de diseño.

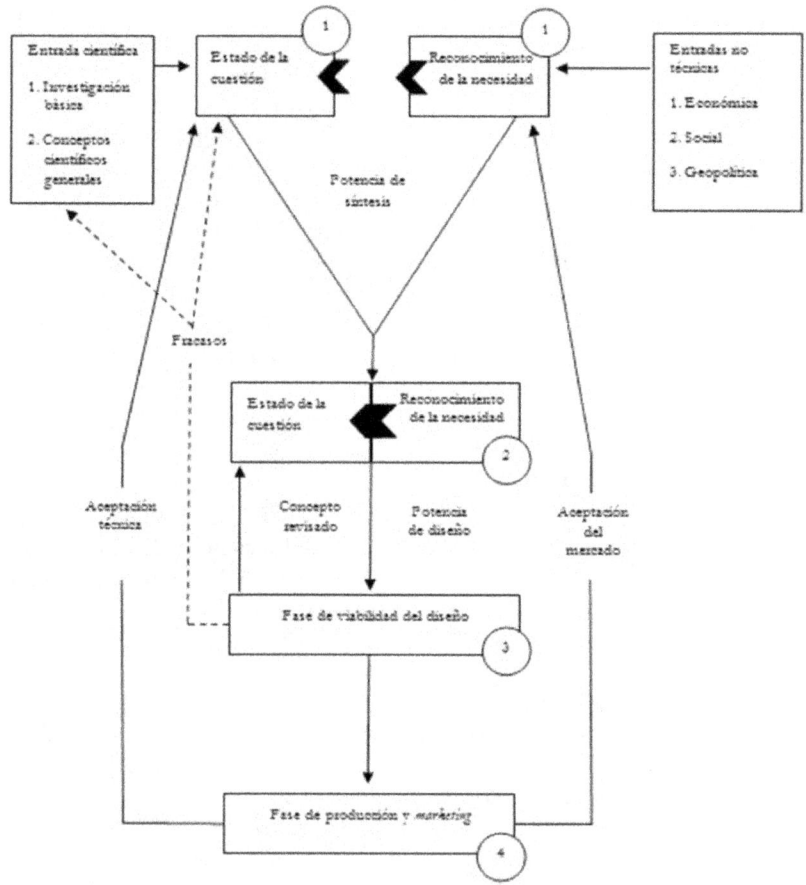

Figura 7. Representación gráfica del método de diseño según McCrory (1974, p. 162).

La concepción del diseño es el resultado de las dos entradas, la científica (estado de la cuestión) y la no técnica (reconocimiento de las necesidades)[136].

---

[136] Tal como McCrory denomina las dos entradas puede llevar a concluir que identifica "científica" con "técnica", ya que opone la primera a "no técnica", sin embargo, no creemos que sea esta su intención teniendo en cuenta el conjunto de su propuesta. Mantenemos su denominación, entendiendo que la entrada científica corresponde al conocimiento procedente de las ciencias puras o descriptivas y la no-técnica a los factores sociopolíticos, económicos, culturales, etc.

La entrada científica se rige por el esquema de la metodología estándar (Figura 6) y en el "estado de la cuestión" se incluye el conocimiento disponible pertinente respecto del diseño de lo que queramos producir. En el reconocimiento de la necesidad están implícitos los factores socioeconómicos para los cuales los valores contextuales son importantes en relación con los objetivos propuestos. El progreso, en este caso, radica en que el diseño sea factible y, desde el punto de vista del mercado, que se difunda y que se incorpore como una necesidad en amplias capas de la población al cual va dirigido. Sin embargo, las necesidades no son inocuas, sino que tienen consecuencias y favorecen a colectivos distintos. Toda decisión que supone un progreso desde un punto de vista dado supondrá un retroceso desde otro punto de vista, por lo cual será percibido de forma distinta por diversos sectores de la sociedad.

3.2 La praxiología

Dada la estructura de los enunciados de las ciencias de diseño, es importante la contribución de la praxiología, ciencia de la acción eficiente, tal como la define T. Kotarbinski. La tarea de la praxiología es investigar las condiciones de las que depende la maximización de la eficiencia.

Así como la estructura de las sentencias en las ciencias descriptivas es "A causa B" o "A causa B con probabilidad p", en las ciencias de diseño solemos encontrar normas prácticas que tienen la estructura de sentencias praxiológicas. Por ejemplo, "si quieres adelgazar y comes mucha carne y pasteles, come la mitad e incorpora a la dieta fruta y verduras". Generalizando, podemos decir que la estructura de las sentencias praxiológicas es del tipo siguiente: "Bajo la circunstancia A es necesario (o suficiente o aconsejable) hacer B a fin de conseguir C".

En una norma práctica intervienen tres elementos: los fundamentos teóricos, la base técnica, y la selección y orden de las acciones. La base teórica es lo que fundamenta el hecho de que B cause C, estando en situación A (si disminuyes la ingesta de grasas y comes más vegetales y fruta, adelgazarás). En el ejemplo anterior habría que incluir conocimientos de biología y química en la base teórica, dado que son el fundamento teórico de la dietética (una ciencia de diseño).

La base técnica consiste en todos los instrumentos y técnicas necesarios para alcanzar el objetivo. En nuestro caso, las técnicas comprenderán desde la tecnología utilizada para las operaciones de reducción de estómago hasta una tabla de alimentos para las comidas de una semana, pasando por la tecnología con la que se realizan liposucciones y la sala de máquinas de los gimnasios. Por tanto, la base técnica hay que entenderla en sentido amplio y no restringido a los artefactos.

La base conductual se refiere a las acciones que hay que llevar a cabo para lograr el objetivo. Esto supone una jerarquización de objetivos, desde el más lejano y a largo plazo (mejorar el aspecto físico y adelgazar), hasta el más cercano y a corto plazo (comer una manzana y un café para desayunar).

En su conjunto, la innovación y el progreso tienen varios frentes. Es decir, el hecho de innovar en un campo determinado ocasionando un progreso para la solución de un problema puede provenir de innovaciones en solo uno de estos tres elementos, a saber la teoría, la técnica y la acción, sin que los demás hayan experimentado ningún cambio. Siguiendo con nuestro ejemplo, pueden variar las técnicas con las cuales se realizan las operaciones de reducción de estómago, o se puede diseñar una nueva dieta, sin que los conocimientos de química y biología hayan variado.

Más allá de este ejemplo, podemos decir que con los mismos conocimientos y técnicas los índices de curación y de esperanza de vida de las distintas enfermedades varían en función del país, a raíz de las diferencias en políticas sanitarias, el poder adquisitivo de la población y la influencia del entorno, entre otros factores, a pesar de que, en principio, en un mundo globalizado como el nuestro cualquier información se difunde a nivel planetario. Lo que cambia son las acciones que se llevan a cabo en cada caso. Hay ambientes más hostiles que otros y, por tanto, la salud de las poblaciones que viven en ellos exige políticas sanitarias, inversión (pública o privada) y cuidados de todo tipo mucho más eficaces.

4 El papel de las máquinas y herramientas en el progreso científico

Como sostienen algunos importantes estudiosos y filósofos de la ciencia, por ejemplo, el profesor Nickles, y un gran número de científicos experimentales y teóricos, las máquinas y las herramientas son una fuente de conocimiento de la naturaleza y de comprensión de la misma de alta calidad y no suficientemente apreciadas, al menos en ese sentido.

Algunos estudiosos de las culturas ancestrales apuntan a la imitación de los ciclos naturales mediante el desarrollo y la construcción de objetos útiles, o a través de movimientos humanos (danzas en grupos circulares y otros movimientos cíclicos y periódicos). En la actualidad seguramente se considera de mayor calidad epistemológica lo que está escrito, la traslación al papel del pensamiento abstracto, los razonamientos; sin embargo, cabe considerar que la experiencia que se adquiere de la naturaleza mediante la manipulación instrumental es no pocas veces más intuitiva y más próxima a la experiencia sensible.

En la actualidad, todo lo relacionado con máquinas, herramientas e instrumentos está englobado en lo que denominamos "tecnología", cuyo estudio es muy interesante desde el punto de vista teórico y encierra más riquezas de la que cabría imaginar merced a una mirada superficial. Esto se debe a que los desarrollos técnicos no solo proporcionan las mejoras que se esperan de ellos, incluidas algunas más o menos inesperadas que surgen con su uso y perfeccionamiento (o en virtud de alguna imperfección muchas veces lamentable), sino que son una fuente de alimentación para la construcción del conocimiento que constituye la ciencia básica. Desde una perspectiva histórica, podemos decir que los instrumentos han desempeñado el papel que ahora atribuimos a la tecnología. Pensemos en lo que supusieron la balanza y el gasómetro para la revolución química del siglo XVIII, el telescopio para la astronomía, el microscopio para la biología, etc.

Las concepciones científicas teóricas y experimentales constituyen los fundamentos de la ciencia aplicada, llamada en ocasiones "tecnociencia"[137] (en especial, si se asocia a la idea de las TIC), que nosotras denominamos "ciencias de diseño". A su vez, en determinadas circunstancias la tecnología constituye una herramienta como cualquier otra para construir teorías y desarrollar concepciones nuevas, y en ocasiones puede actuar más como utensilio de la heurística adecuada que como elemento integrado en la epistemología. Esta idea es importante porque a veces, cuando se piensa en la relación de la ciencia y la tecnología, se ven solo sus repercusiones para la

---

[137] Si por "tecnociencia" entendemos la interrelación que existe entre ciencia y tecnología no hay nada que objetar, sin embargo, a veces se usa el término con el sentido de que no hay diferencia entre ciencia y técnica, definición de los más problemática, tal como hemos señalado en el Capítulo 1.

sociedad, pero no que la tecnología surgida de la ciencia revierte sobre la propia ciencia y contribuye a la generación de conocimiento descriptivo, algo que antes hemos llamado ITC.

Pero los cambios básicos que afectan a la fundamentación de las estructuras y los pilares no siempre son derivados directos de la tecnología, o de la inteligencia artificial, sino que inicialmente pueden proceder de la observación y de la imitación de la naturaleza, y en una fase más elaborada de la racionalización de la misma. Así, podemos decir que son solo algunas de las cosas que surgen las que se deben al puro desarrollo teórico y a la explicación de fenómenos, al menos en la ciencia física matemática.

En realidad, las ciencias de diseño son el resultado de la evolución de la artesanía científica, de la pretecnología o de las historias mecánicas derivadas de la cosmografía. La teorización acerca del mundo y la lógica que procede de la abstracción pura empieza en una fase un poco más tardía del conocimiento. Vemos pues que la tecnología, con todo lo que ella engloba, ha tenido un papel relevante en el progreso tanto de la ciencia básica como de sus aplicaciones.

Todo ello nos lleva a considerar el peso de la cultura material desde tiempos ancestrales hasta la actualidad. Para un materialista en cualquiera de sus versiones esta es una afirmación obvia y muestra la importancia de una lanza, un arco con sus flechas, una red o una pistola para las sociedades que disponían de estos artefactos. Estas ideas sobre la importancia de lo material están apoyadas por modelos cognitivos relevantes para el papel de la tecnología en el progreso de la ciencia. Es decir, la aportación de dichos modelos consiste, fundamentalmente, en una explicación científica de un fenómeno como es el uso de herramientas por los humanos a lo largo de la historia.

De nuevo, Hutchins aporta diversos trabajos sobre este tema, en concreto el artículo *"Material anchors for conceptual blends"* (2005). La asociación de una estructura conceptual a una estructura material es un fenómeno muy antiguo que incluso podemos encontrar en los primates no humanos. La cuestión es cómo estas combinaciones conceptuales se anclan en algo material, cuáles son los procesos que permiten esta asociación, cuántas variedades de combinación son posibles y cuáles son las consecuencias cognitivas de este tipo de fenómenos. Las técnicas de combinación de estructuras conceptuales y materiales cambian la proporción del esfuerzo cognitivo necesario para realizar cualquier computación.

Ahora bien, una estructura no es un áncora en virtud de alguna propiedad intrínseca, sino por la forma en que es usada. Esto indica que la asociación depende del contexto y, por tanto, si el áncora material es funcional y contextual, entonces la herencia cultural jugará un papel importante en la constitución de anclajes materiales.[138] También es relevante el trabajo de Hutchins y Alac (2004) "*I see what you are saying: Action as cognition in fMRI brain mapping practice*", en el que analizan cómo aprenden los nuevos becarios de investigación a interpretar las resonancias magnéticas. La cuestión está en las interacciones que establecen los científicos, entre sí y con las representaciones materiales correspondientes. En estas interacciones no solo son importantes las proposiciones, sino también los gestos y los esquemas, entre otros elementos. Es decir, no solo el lenguaje escrito es importante, sino también cualquier elemento material, sea o no tecnológico, que suponga un ahorro cognitivo y facilite al aprendiz sus tareas cognitivas.

En el continente europeo estamos muy acostumbrados a centrar la enseñanza en materiales teóricos en la docencia, sin embargo, la utilización de técnicas de anclaje material tiene un importante papel para el aprendizaje. Por ejemplo, en libros de iniciación a la física para niños de temprana edad[139] se utilizaban pequeños ejemplos ilustrados en los cuales la introducción a la idea de fuerza se hacía mediante nociones asequibles de la vida cotidiana, como los juegos de empujar y tirar. Se ha comprobado que la noción de fuerza y otras afines que surgen durante los juegos se hacen bastante más consistentes y comprensibles al hacerse menos abstractas para los más jóvenes. De hecho, también aprenden a considerar en ese sentido el propio cuerpo humano que opera como una herramienta que actúa a través de sí misma.

4.1 El impacto de las ciencias de la computación

Entre todas las tecnologías disponibles actualmente, no cabe duda que las ciencias de la computación y todo lo que deriva de ellas ha supuesto un cambio enorme en todos los campos de la ciencia. Además, las ciencias computacionales son un nuevo campo de estudio, una ciencia nueva; podríamos casi decir que, en este caso, quienes suscriben el pensamiento de

---

[138] Ver Estany (2012) para un análisis de las relaciones entre anclaje material y la idea de "combinaciones conceptuales" de Fauconnier y Turner (2002).
[139] "*Sky Watch*" título perteneciente a una obra colectiva australiana, traducida al español por Rosa M. Herrera. Es una obra infantil para niños de 6 a 10 años.

Kuhn encontrarían un cambio de paradigma. Melanie Mitchell[140], experta en sistemas complejos, opina que la computación es una idea más profunda que los sistemas operativos, los lenguajes de programación y las bases de datos. Y también, de otra manera que las ideas profundas de la computación, guardan una relación íntima con las ideas profundas de la vida y de la inteligencia.

Las palabras "ordenador", "computador" y hasta "calculador", en fin, cualquiera de esos nombres usuales sugiere una máquina perfectamente dotada para el control y el orden, sin embargo, también denotan un instrumento que hasta cierto punto, "contiene" caos. Este aparente contrasentido lingüístico es debido a la polisemia de la palabra "caos" y se desvanece casi por completo si el término se usa en su sentido científico. En lengua coloquial, "caos" significa confusión y desorden, sin embargo, científicamente es la manera de designar al determinismo en el que cualquier mínima modificación de las condiciones iniciales produce resultados absolutamente dispares con los que se producirían en una situación casi idéntica de partida, y en ese sentido no se conocen "a priori". Es decir, la palabra es la misma pero los conceptos que designa en cada caso son muy diferentes. Quizá sea útil señalar que este caos, en cierto modo, es análogo al que se da en las calculadoras científicas, pero con un grado de complicación mucho mayor (debido a que en el primero interviene un número de elementos mucho más elevado que en el caso de las calculadoras). Si además consideramos las actividades tan variadas que configuran el trabajo del ordenador, es decir, todo lo que atañe a una computadora, está amplificado respecto a las máquinas de calcular: sus algoritmos de cálculo, sus algoritmos estructurales, su capacidad de control. Sería necesario un estudio matemático refinado, que aquí no procede, para comprender la no linealidad de las ecuaciones básicas y lo que supone de impredecibilidad en las iteraciones y, en consecuencia, lo que viene a significar, en expresión más inteligible, un sistema físico (dinámico) determinista aperiódico extremadamente sensible a las condiciones iniciales.

Las máquinas de comunicación: ¿orden o caos —en sentido científico?

A veces se ha comparado el teléfono inteligente con una navaja suiza. Así lo considera Xavier Comtesse[141] en el artículo *"Le smartphone: un véritable*

---

[140] Melanie Mitchell, (2009) *Complexity: A Guided Tour*. Nueva York, Oxford University Press.
[141] El Dr. Xavier Comtesse es director de Avenir Suisse y se ha ocupado de las cuestiones de innovación y de formación durante el periodo del 2002 al 2014.

couteau suisse", publicado en junio del 2013 en la revista Le Temps. La idea responde a la cultura de los dispositivos multitarea, que se concreta en el paso del teléfono móvil al *smartphone*.

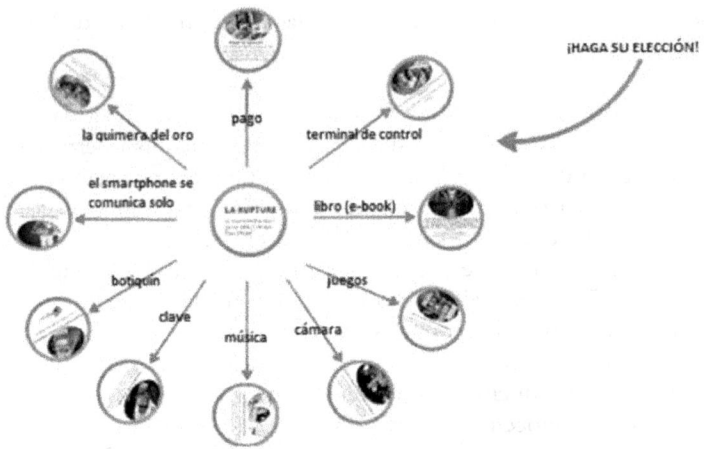

Figura 8. Posibilidades actuales de un smartphone (Fuente : "Le temps", junio de 2013). La infografía es de Vanessa Lam.

La metáfora es inteligente, además de muy sugerente. Ciertamente, un instrumento compacto pequeño y multifuncional es una ventaja para quienes quieren llevar de todo en su bolsillo sin llegar a la sobreabundancia de cachivaches, a la manera de los viajeros empedernidos impenitentes. En un *smartphone* la función menor es la telefonía, aunque todo lo demás haya surgido a partir de ahí. Un *smartphone* se podría erigir en arquetipo de la tecnología de la comunicación, arquetipo efímero creemos; porque no nos sorprendería que pronto se viese desbordado.

Y como reza la leyenda del círculo central, de donde parten los radios que señalan los círculos periféricos, esto no ha hecho más que empezar. Parece que este es un hecho en el que la tecnología y la sociedad han encajado de maravilla, y es uno de esos casos en los cuales la demanda social va en paralelo con la oferta tecnológica.

Un *smartphone* es una cámara fotográfica, un aparato de música, una radio, un traductor de idiomas, un buscador de mapas y planos, un receptor y emisor de mensajes de correo, un noticiero, un meteorólogo local, un llavero del coche y de la casa, un programador de electrodomésticos y de alarmas, un lector de libros electrónicos, un soporte de juegos, un receptor de medicinas, un método de pago, un billete de avión y mando a distancia para controlar vehículos por control remoto.

Y cada vez hay más aplicaciones en menos espacio físico. Esto es una idea innovadora desde los puntos de vista tecnológico y social simultáneamente. Todo parece estar perfectamente ordenado y bajo control. Todo el proceso es lineal y estable; sin embargo, la ciencia básica que subyace, la matemática y la física que conllevan estos dispositivos, responden a los conceptos de no linealidad y caos en el sentido científico.

En este caso, la idea de progreso positivo parece clara desde un punto de vista del uso instrumental. No cabe duda que es un reto para los innovadores (científicos y tecnológicos) optimizar el instrumento incluyendo lo máximo en lo mínimo. Somos limitados y queremos disponer de muchas prestaciones, de numerosos dispositivos recluidos en el ámbito menor, lo cual significa progreso en una visión positiva. Sin embargo, no podemos dejar de lado el hecho que los objetos tecnológicos son moralmente ambivalentes, aunque su uso no lo sea. Es por ello que siempre es posible pensar en una imaginación perversa que buscara la manipulación y control de los sujetos con una visión de futuro marcada por un proceso de miniaturización. En el mismo sentido la navaja suiza es un utensilio auxiliar de soporte valioso y puede ser usado para hacer daño, aunque no esté diseñada con esa finalidad, por sus propias características. Más viable parece la posibilidad de imaginar usos para los que no estaba diseñado de antemano. En líneas generales, podemos decir que es un claro ejemplo de progreso o de valor positivo.

5 La aplicabilidad de la simulación computacional

En el capítulo 5 abordamos la simulación computacional desde la perspectiva epistemológica. Durante décadas el valor epistemológico de la simulación fue una cuestión pendiente de la filosofía de la ciencia, ya que, con diferencias y desacuerdos importantes, el concepto de teoría ha estado ampliamente aceptado entre los filósofos de la ciencia, considerando las teorías la cota más alta del conocimiento científico. En cambio, no estaba claro qué se sabía exactamente del fenómeno simulado.

Sin embargo, en estos momentos podemos verla como una nueva forma de representación (o de expresión) del conocimiento, o incluso un "nuevo paradigma" en sentido clásico o algo de mayor calado que aún no hemos calibrado de modo suficiente, por falta de alcance y de visión. En este sentido, podemos considerarla una forma de representar el conocimiento, en tanto en cuanto puede ejercer la función de la experimentación (o incluso de la propia observación, como sucede, por ejemplo, en simulación computacional de la observación de un choque de galaxias, hecho que a escala de una vida humana es imposible observar), pero la simulación es mucho más que eso; se trata de un instrumento que seguramente tiene sus propias características de tipo epistémico, praxiológico y cognitivo que le dan un valor de conocimiento proporcionado no solo como herramienta de trabajo sino como sistema físico con entidad propia. Lo cual no es óbice para que la simulación computacional se esté utilizando con profusión en muchos campos técnicos, científicos, en procesos industriales, en asuntos de interés social y, en fin, en bastantes aspectos importantes para la vida del siglo XXI. Esto supone una innovación muy interesante desde el punto de vista de la preparación de los fenómenos para su estudio y perfeccionamiento antes de la toma de decisiones o de la puesta en marcha definitiva.

Según nuestro punto de vista, muchos de los procesos que tienen lugar en un sistema, como puede ser la simulación propuesta en el párrafo anterior, no son necesariamente, y en sí mismas, de carácter innovador. Sin embargo, el proceso considerado en su totalidad sí puede dar resultados innovadores. A veces las innovaciones parciales y las de partida no generan innovación final, total o global, pero se puede dar el caso de que algún aspecto (anterior, inicial o intermedio) lo sea. A continuación vamos a analizar algunos casos concretos de simulación computacional como muestra de la importancia para la práctica científica.

5.1 Simulación de instrumentos musicales "imposibles"

La base teórica de estos instrumentos musicales está en la simulación computacional. Dichos instrumentos producen sensaciones sonoras identificables e indistinguibles de las producidas por instrumentos posibles en el mundo físico.

A propósito del año de las matemáticas de la Tierra (2013), J. Chabassier (2012) es el artículo *"Modélization et simulation d'un piano par modèles physiques"* presenta el mundo de la música desde la perspectiva del análisis de la simulación computacional. La autora nos propone un piano simulado computacionalmente, que reproduce con asombrosa fidelidad el sonido de un piano físico. En el análisis de los elementos que intervienen en la producción del sonido por cualquier instrumento físico hay que introducir perturbaciones en el sistema. La computación permite eludirlas[142]; un modelo de piano virtual permite aislar ciertos fenómenos clave y así comprender la influencia de los mismos en la producción de sonido, pero no solo eso, sino que también sirve para evaluar la energía transmitida y otros aspectos físicos importantes.

La simulación computacional, pues, posibilita la construcción de instrumentos a conveniencia que producirán resultados inesperados, pero también puede producir sonidos con instrumentos cuya construcción no es factible y que transmiten al oyente sensaciones de instrumento físico.

Otro punto de interés de las simulaciones es su utilización didáctica para obtener cierto beneficio, mostrando virtualmente el proceso y el significado de cada hecho físico; por ejemplo, al pulsar una tecla de un piano, mediante un mecanismo más o menos complejo se pone en movimiento un martillo el cual golpea de una a tres cuerdas al mismo tiempo (este hecho depende de la nota que se elija). La energía de las cuerdas se transmite a la mesa de armonía, que vibra también, la cual está sostenida por el mueble del piano, la onda sonora es decir la deformación del aire que se propaga llega a nuestro oído. Este esquema sencillo no debe engañar al lector, porque el asunto entraña mayor complejidad y solo describimos la física que se entiende sin entrar en esas complejidades aquí innecesarias.

Otro asunto interesante para el lector no científico es que las ecuaciones matemáticas que modelizan este sistema acústico y mecánico, así como su acoplamiento, no tienen porqué estar relacionadas con las leyes fundamentales de la física, y la computación que conllevan es un trabajo complejo y requiere ordenadores de gran potencia.

En este ejemplo la innovación presenta una doble vertiente. Por un lado, están los nuevos conocimientos en mecánica y acústica fundamental, así como sus posibles usos para el perfeccionamiento de teorías y de la com-

---

[142] El tipo de problemas derivado de la computación es distinto.

prensión física del fenómeno acústico musical e instrumental. Por otro lado, el ejemplo abre la puerta a la posibilidad de encontrar mejoras en técnicas de producción de sonido en instrumentos reales, así como en la afinación y construcción de los mismos.

Estos elementos innovadores constituyen una fuente de progreso, tanto en el sentido científico de avance en el conocimiento y la comprensión del mundo, como en el social de una mejora de la "calidad de vida", en el sentido delicado de la expresión, asociado a un aumento de la belleza y por tanto de la alegría de la vida humana. En los aspectos puramente técnicos, el aumento de conocimiento de la mecánica y la acústica fundamental, no se alcanza a ver la deriva que la innovación pueda tomar, ni si esta va a redundar en algún aspecto negativo, que en principio no se adivina, pero que nunca se podría descartar en sentido estricto, porque la concatenación más o menos aleatoria (o incluso dirigida) de hechos nunca se sabe hacia dónde puede llevarnos.

6 La simulación computacional como herramienta de prevención de catástrofes

Hay algunos ejemplos que muestran con claridad la relación a tres bandas: catástrofes, simulación computacional (siempre acompañada de modelización físico-matemática) y mejora en la solución. Como resultado hay una mayor comprensión del fenómeno y de su predicción y/o control de los desastres provocados y producidos con (o sin) intervención humana, tales como terremotos, catástrofes nucleares, etc. Son casos en los que la convergencia de progreso científico y humano queda más evidente.

6.1 Simulación de incendios[143]

Hay fenómenos que nos ponen en situaciones de riesgo, requiriendo una actuación rápida y contundente. Uno de ellos es la producción de incendios, para lo cual el estudio de su evolución y la simulación de los mismos puede ser una solución con la finalidad de controlarlos y atajarlos de una manera eficaz y con menos riesgos, menor gasto y en el menor tiempo

---

[143] Simulador de incendios *on line* ForeFire http://forefire.univ-corse.fr/websim/

posible. Es decir, lo que en términos físicos sería la optimización de la resolución de un incendio se ve (o podría verse) muy mejorada con el advenimiento de la simulación computacional.

Normalmente, en los países más avanzados se realizan mapas anuales de riesgos de prevención de incendios. Para poder intervenir con eficacia en un incendio son necesarios una serie de parámetros como el conocimiento de la topografía del lugar, las propiedades de la vegetación, el estado de la humedad del suelo, los vientos superficiales que influyen en la velocidad y la dirección del frente de fuego, es decir, sobre la interfaz entre las zonas quemadas y no quemadas. Además, la dinámica atmosférica de los vientos se ve modificada por la mezcla de los gases producto de la combustión que son liberados en la atmósfera, lo que incide directamente en el avance del fuego.

Si los bomberos dispusieran de simuladores de incendios que les proporcionaran diversos escenarios alternativos en cada caso, sería muy posible que optimizaran su intervención. En las informaciones de que se dispone actualmente estas simulaciones están en fase de estudio y experimentación. Los problemas económicos de un simulador de estas características se verían reducidos debido a que no es absolutamente necesario resolver numéricamente todas las ecuaciones que se describen en el modelo[144]. El modelo atmosférico de Navier-Stokes es el más adecuado para este tipo de simulaciones. El simulador de fuegos está en estudio y las pruebas iniciales, aun cuando los modelos están en fase de preparación, parecen proporcionar buenos resultados.

Entre las numerosas preguntas abiertas en esta investigación son destacables las que conciernen a la frecuencia de recogida de datos para que los modelos de actuación sean fiables, el tiempo de avance del incendio para hacer una buena previsión, la implementación de otros métodos para minimizar la quema de los bosques, etc.

Como valores iniciales positivos, en este caso, cabe pensar en todos o en casi todos, es decir, sería un ejemplo de progreso puro en el sentido científico tanto desde el aspecto del planeta, como desde la mirada humana y asimismo en el aspecto de las propias técnicas. Desde luego como consecuencia de lo anterior en el aspecto social.

---

[144] Interesa subrayar que los modelos físico matemáticos adecuados son imprescindibles para llevar a cabo una simulación adecuada.

Esto se corresponde con un valor de progreso positivo, directo e inicial y por tanto casi ingenuo. También se podría pensar que puede tener un aspecto social negativo, el aumento de conocimiento en temas de esta índole, asociados a un elemento de control, puede servir como herramienta de destrucción de alta precisión, cuanto mejor se sabe cómo funciona algo mejor se puede utilizar en cualquier sentido positivo y negativo.

6.2 Simulación en el estudio geológico de las capas interiores de la Tierra

Aunque hoy ya no es novedoso, el estudio geológico de la Tierra con métodos y sistemas propios de la anatomía o, en general, de la medicina, sí lo fue en su momento. El lector puede comprobarlo consultando la biografía de Nicolaus Steno[145], médico por formación (azarosa) debido sobre todo a la época que le tocó en suerte, quien utilizaba métodos geométricos en sus estudios anatómicos (interesante novedad) y trasladó su interés, así como su metodología científica, al estudio de los fósiles y los estratos geológicos y este hecho de fortuna para él quizá también resultó del azar de su posición en la corte florentina de Ferdinando II de Medici.

De la ciencia ficción del viajero al interior terrestre a la explotación de los recursos subterráneos en beneficio humano se han sucedido numerosas innovaciones conceptuales, algunas de tanto interés práctico para la sociedad como el intento de prevención de riesgos sísmicos o la búsqueda de hidrocarburos.

La composición de los distintos tipos de suelo se explora mediante la propagación de ondas. Para el análisis de los datos se utilizan modelos matemáticos de ecuaciones en derivadas parciales, conocimientos físicos de las propiedades de las ondas y los diferentes materiales que componen el suelo, y simulaciones computacionales tridimensionales. Estos estudios, en pleno desarrollo, conducirán a innovaciones tecnológicas que nos permitirán la mejora de la calidad del estudio de nuestro planeta en sus aspectos geológicos.

---

[145] Nicolaus Steno (1638-1686). http://es.wikipedia.org/wiki/Nicol%C3%A1s_Steno

A modo de balance del papel de la simulación en la práctica científica, podemos decir que la modelización físico-matemática constituye el instrumento fundamental en la innovación computacional. Una vieja herramienta de la investigación y una nueva pieza clave que muchas veces conduce a la innovación.

7   El papel de la innovación y el progreso en la cosmovisión

Los cambios de paradigma comportan cambios en la cosmovisión, como muy bien afirma la mayoría de los filósofos que han abordado la historia de la ciencia. El cambio en la conceptualización del espacio y el tiempo o el advenimiento de nuevos conceptos expresados a través de viejos términos suponen, entre otras cosas, un cambio de cosmovisión. La cuestión que aquí nos concierne es en qué sentido los cambios de cosmovisión comportan progreso a partir de las innovaciones, tanto de la ciencia como de sus aplicaciones.

La teoría de la relatividad y la generalización del uso del ordenador nos trajeron nuevas visiones del mundo que no sabemos explicar bien, y que por estar en una etapa muy temprana seguimos, momentáneamente, expresando en los conocidos términos clásicos en los cuales nos sentimos más cómodos y seguros: el espacio y el tiempo, nuestros clásicos sistemas de referencia procedentes del mundo mecánico. Pero intuimos que el uso de estos sustantivos más pronto que tarde empezará a caer en desuso (y valga el juego de palabras) o bien quizá empezarán a designar conceptos diferentes o bien pasarán a ser sustituidos por nuevas palabras (no necesariamente sustantivos) que signifiquen mejor los conceptos nacientes y que de este modo generen conocimientos abriendo nuevas rutas, o incrementen los que hemos adquirido por vías ya conocidas.

- *El espacio*

> *Música del hombre y más que el hombre,*
> *último desenlace de la audaz esperanza*
> Cántico (Jorge Guillén)

El espacio considerado el contenedor absoluto de los sucesos propios del mundo clásico es una concepción diferente de la idea de espacio que se deriva de la teoría de la relatividad general; sin embargo, en el orden del mundo de lo cotidiano resulta útil y razonable seguir tratando los problemas en los que está implicado el espacio a la manera newtoniana (modificada) ya que conlleva razonamientos en los que interviene estructuralmente con muy buenos resultados. El espacio como componente constitutivo referencial. Y en cuanto a la geometría euclídea, "vivimos" en un mundo euclídeo (siempre refiriéndonos a la escala humana cotidiana), si bien conocemos que hay otras geometrías que nos ayudan a explicar otros asuntos del mundo físico como son las que subyacen en la teoría de la relatividad, por ejemplo, que no "notamos" en nuestra vida cotidiana.

Pero tampoco la métrica asociada con el cómodo espacio absoluto encaja bien en el mundo de la computación. Las mediciones del mundo *híbrido* no son congruentes con las del mundo mecánico no computacional, ni siquiera podemos asegurar que la noción métrica de distancia en ambos mundos sea la misma. Así pues, aventuramos que las razones demostrativas aparecerán tarde o temprano, que en el mundo computacional no acaba de encajar la idea newtoniana de espacio o lo que quiera que sea equivalente, y en consecuencia es una referencia deficitaria; sin embargo, aunque no como rígido contenedor (en sentido de que el mundo material y sus sucesos están dentro de él) el espacio nos es necesario para describir el mundo y no deja de ser una referencia ineludible y cómoda, al menos de momento.

En la posible "nueva concepción" híbrida podemos pensar el espacio como una especie de "fluido"[146] que se adapta a la forma de los sólidos que contiene; un fluido no explicativo[147], es decir ni matemático ni analógico, sino con significado interpretativo, el espacio "como si" fuese un fluido con sus consiguientes conductas propias y sus características y propiedades, esto es, una especie de estructura fluida imaginaria[148].

- *El tiempo*

---

[146] Fluido inmaterial y metafórico en la que lo creado sería más grande que el creador, lo trascendería, el continente mayor que el contenido, como la música del hombre que es solo una porción de la música del universo es mayor que el hombre, a la manera poética de Guillén
[147] Utilizamos las palabras "explicativo" e "interpretativo" al estilo de Maxwell y la visión mecánica del electromagnetismo
[148] Los fluidos son estructuras muy complejas, pero en simulación y como modelos son muy útiles.

> [...]*Paciente*
> *casi como un reloj de sol*
> *entiendo*
> *lo que el amor no entiende*
> [...]
> "Agradecimiento" (Wislawa Szymborska)

Estamos tan acostumbrados a medir el tiempo físico con aparatos móviles que casi no somos capaces de pensarlo de otra manera. Pero posiblemente la noción de tiempo no es primaria, si bien se trata de una noción muy usada, estructural básica de la física clásica, es poco conocida en sentido estricto y mal comprendida, casi con certeza es una idea derivada de la alternancia día noche, y de los ciclos. La existencia de ciclos es una de las primeras observaciones científicas. La interpretación es otra cosa y está en perpetua evolución.

Así pues, el tiempo geométrico, el tiempo mecánico, el tiempo duración, el tiempo absoluto (aunque sea conceptualmente poco claro) tratado mecánicamente a través del movimiento o de los cambios en general, o expresado geométricamente (como prefiere la física), proporciona buenos marcos explicativos e interpretativos para los aspectos científico-técnicos de la vida cotidiana. El tiempo magnitud, independiente del número de cuerpos sobre el que se mira y señor absoluto, es el tiempo de la mecánica clásica.

El tiempo en la relatividad deja de ser un marco donde transcurren las cosas y pierde su carácter casi supremo y sustentador de los hechos del mundo físico diluyéndose en su carácter psicológico, geométrico y en su variabilidad intrínseca, como el espacio (que parece tener un sentido muy fuerte asociado a la gravedad, pero no tanto en su ausencia).

El tiempo que cambia su estatus absoluto y móvil, la idea de no simultaneidad de sucesos en situaciones gravitatorias diferentes, o expresado de otra manera, la idea de que el tiempo tiene relación con el número de cuerpos, según describe la relatividad general, aquí el reloj de sol que no avanza ni retrasa, espera que el movimiento alcance sus horas, y esto, que puede entenderse como una metáfora poética, tiene una cierta categoría posiblemente transformable en valor de analogía explorable (en valor matemático) y convertible en conocimiento. Pero antes de llegar a situarnos en el tiempo relativista solventando algunos de los problemas que emergen del cambio conceptual nos enfrentamos al advenimiento del tiempo computacional, o del mundo híbrido, que no es exactamente idéntico al tiempo del mundo clásico, pero tampoco al tiempo relativista.

Parece que se están gestando o podrían llegar a producirse nuevos estatus de los conceptos fundamentales. En sí mismo este hecho, al menos de partida, no parece conllevar ningún cambio de valores, es decir, que desde el punto de vista del desarrollo científico en principio supondría una evolución científica conceptual. Otra cuestión es qué valores epistémicos han prevalecido para esta nueva cosmovisión, o bien si han supuesto un progreso en la explicación de determinados fenómenos o, incluso, si esta nueva cosmovisión se ajusta mejor a los datos empíricos que la ciencia nos proporciona.

7.1 El *software* y el cambio de los conceptos fundamentales

La evolución del uso del ordenador en la investigación científica junto con las grandes teorías de la física puede desembocar en el surgimiento de nuevos conceptos basales o fundamentadores, los absolutos de la física clásica, los sustentadores de sistemas de referencia y contenedores de todo (que en las físicas del siglo XX dejaron de serlo, como se ha relatado en párrafos previos).

- *De continentes (contenedores) a contenidos (el espacio en la red)*

El espacio percibido por quienes frecuentan Internet o inscriben su actividad en ella, o en el ordenador único (buen símil de los computadores en red, todos los equipos conectados en realidad son uno) no tiene nada que ver con el espacio geométrico, apoyado en la métrica y la distancia.

En el imaginario (por ahora) fluido-espacio percibido, adaptable y referible a los sólidos de su "interior", y en eso difiere por oposición a los fluidos físicos que se acomodan a su vasija protectora. Ignoramos si estas percepciones se consolidarán o derivarán hacia otras, pero posiblemente ocurrirá que la concepción del espacio percibido cambiará, a medida que el mundo computacional deje de ser novedoso y se perfeccione o quizá mejor sea decir que se normalice hasta el punto de hacerse invisible.

- *El retardo (la no simultaneidad temporal en la transmisión computacional)*

Una cuestión técnica salvable que, no obstante, inspira la exploración de los conceptos y la reformulación de algunos pensamientos. Este asunto, que de suyo es una cuestión no fundamental en sentido conceptual, si no instrumental (debido a los límites y la imperfección propia de los instrumentos) asociada con la electrónica y el electromagnetismo, posiblemente muy mejorable, evoca y refuerza la idea de la imposibilidad de los sucesos simultáneos en situaciones gravitatorias diferentes, y si bien no es un efecto análogo, verbalmente se expresa como tal, y en ese sentido puede actuar como fuente de ideas, o como espejo que las refleje *innovadoramente* al incidir en él.

En el aspecto social de esta innovación está la construcción global del conocimiento puesta en marcha en la década de los 90 del siglo pasado.

Nos preguntamos ¿estas redefiniciones de ciencia que se están elaborando en estos momentos, estos cambios conceptuales de las ideas sustentadoras de nuestra visión del mundo, terminarán por consolidarse y construirse de manera fuerte?, o tal vez ¿cambiaremos los conceptos sustentadores en los que enmarcamos la expresión de nuestro conocimiento del mundo físico? A estas preguntas podemos responder de dos formas:

i. Por el momento no; hasta donde conocemos, lo básico permanece. Los nuevos procedimientos y los nuevos sistemas que se introducen no modifican (de suyo) la perspectiva en que se perciben las estructuras fundamentales y las relaciones estructurales en la ciencia, al menos en apariencia y de momento, pero quizá –aunque no es seguro- el germen de los cambios futuros se está gestando. Nuestra relación con el mundo cambia en cierto sentido, pero los procesos que se analizan de modo subyacente con los nuevos usos no han proporcionado material suficiente para que dejemos de pensar nuestro mundo en términos de procesos físicos de auto-organización de los sistemas y que cambiemos las concepciones más claramente estructurales.
ii. Podría ser necesario, como casi siempre, mirar las cosas al revés, y en ese sentido cabría pensar en la posibilidad de cambiar la pregunta observando la naturaleza como respuesta, buscar la estrategia interrogativa correspondiente que nos dé la riqueza de la naturaleza como contestación, o las posibles respuestas diferentes, tanto las observables en la naturaleza como las de valor puramente matemático.

En resumen, los avances científicos y, muy especialmente, los cambios de paradigma kuhniano nos llevan a cuestionar la cosmovisión del momento, fuertemente arraigada en la cultura. Pensemos lo que supuso la Revolución copernicana o la Revolución darwiniana para la visión antropológica del momento, sin contar con los enfrentamientos que Copérnico y Darwin tuvieron con las autoridades religiosas. Otra cuestión es si estos cambios de cosmovisión supusieron un progreso para la humanidad, lo cual nos adentra en el mundo de los valores y, en último término, de la ética y la moral.

EPÍLOGO: EL MUNDO VISTO A TRAVÉS DE LA INNOVACIÓN

Hemos llegado al final de este recorrido por los vericuetos de la innovación. Desde el principio supimos que no sería fácil abordar un fenómeno tan complejo, que traspasa campos disciplinarios, saberes teóricos y prácticos, y aflora en la configuración de los marcos teóricos, incidiendo en nuestra vida cotidiana. Como hemos visto en el desarrollo del libro, no hay ámbito ajeno a los procesos de innovación ni a los procesos en los cuales la creatividad desempeña un papel decisivo. Los criterios e indicadores que hemos introducido a fin de evaluar el progreso muestran el impacto de la innovación en el mundo.

A la hora de hacer un balance de las diversas perspectivas desde las que hemos abordado los fenómenos de innovación, invención, descubrimiento, creatividad y progreso podemos señalar algunas de las primeras conclusiones importantes, fruto del análisis riguroso de estos conceptos. La filosofía de la ciencia ha constituido el marco de muchas de nuestras reflexiones, aunque no ha supuesto en ningún momento un elemento restrictivo. En este sentido podemos decir que el análisis de estos conceptos ha sido innovador respecto al tratamiento que la filosofía de la ciencia había hecho de ellos a lo largo del siglo XX. Así, uno de los principios sustentadores de este trabajo es el enfoque interdisciplinario, como modelo metodológico novedoso para el tratamiento de todas las cuestiones planteadas en este libro. De hecho, no podía ser de otra forma con un fenómeno tan complejo como la innovación. Entre las cuestiones que quisiéramos subrayar en este balance podemos señalar las siguientes:

- La polisemia de estos conceptos va más allá de lo que, en un principio, podíamos prever. El resultado del análisis muestra que la idea de innovación traspasa fronteras disciplinarias y establece sentidos distintos de una misma categoría. Podríamos decir que hay una interacción entre, por un lado, sentidos de innovación y, por otro, extensión a campos disciplinares distintos de los habituales donde se utilizaba este concepto. Ambos fenómenos se retroalimentan en tanto en cuanto la extensión a ámbitos distintos hace emerger nuevos sentidos. Un ejemplo es la irrupción de lo social en los procesos de innovación, algo que constituye un tema en sí mismo, el de la "innovación social". Todo ello nos ha llevado a buscar formas de abordar esta pluralidad de sentidos en una misma categoría, entre las que consideramos especialmente relevantes la teoría de prototipos y los conceptos integradores. Ambos hacen posible un equilibrio entre precisión y dispersión de dichos sentidos, evitando así tanto la atomización como los conceptos "esponja" en los que todo cabe.

- Un aspecto importante en los procesos de innovación es el sujeto o agente de dichos procesos. La novedad se encuentra en lo que se ha venido denominando "innovación abierta", en la cual los usuarios intervienen como sujetos activos o, al menos, como sujetos pasivos, adquiriendo un protagonismo inédito hasta el momento. Esto cambia totalmente la concepción del agente innovador, lo cual tiene consecuencias importantes en la democratización de los procesos de innovación con lo que ello supone de cambios en la organización de las empresas, en la difusión a través del mercado, en los equipos de investigación y en la relación de los usuarios con el diseño de artefactos tecnológicos.

- En todo este análisis no podía faltar el punto de vista cognitivo, que hemos plasmado en el estudio de la creatividad, y un examen de algunos de los modelos cognitivos más relevantes para los procesos de innovación. No cabe duda de que el auge y desarrollo de las ciencias cognitivas a partir de los años sesenta es una de las razones por las que la perspectiva cognitiva es ineludible. Para el caso de la creatividad en los procesos de innovación son especialmente pertinentes los enfoques de las últimas décadas, que han incorporado los factores sociales y contextuales en sus modelos cognitivos.

- En el análisis de los conceptos de innovación, invención y descubrimiento vimos que, aunque la idea de *descubrimiento* se había asociado a las ciencias puras o descriptivas y la de *innovación* a la tecnología y las ciencias aplicadas, estos límites son borrosos implícita o inconscientemente en todas las épocas, pero ahora el hecho es consciente. Una muestra de ello es que autores como Brown y Nersessian consideran innovaciones los cambios conceptuales en las ciencias puras. En consecuencia, se abre un nuevo sentido de innovación que podemos llamar "innovación epistemológica y metodológica", proponiendo nuevas formas de representar el conocimiento, así como una nueva relación entre teoría y experimento que revaloriza el papel del segundo en la investigación científica. De hecho, la idea de innovación epistemológica refleja mucho mejor los cambios debidos a nuevos instrumentos tecnológicos y conceptuales como la simulación computacional.

- Finalmente, la idea de progreso está presente implícitamente en todos los puntos aquí tratados aunque se aborda de forma explícita en el último capítulo. En principio, los conceptos de "innovación" y "progreso" tienen sentido positivo y nos sugieren las ideas de mejoras y ventajas. Sin embargo, no podemos dejar de plantear si este efecto inmediato está fundamentado teórica y prácticamente. El aspecto principal consiste en entender si podemos mantener los elementos positivos desde una mirada en profundidad y con una perspectiva a largo plazo. La asociación entre progreso científico y progreso para la humanidad no siempre se entienden parejas, en muchas ocasiones por simples efectos colaterales indeseados y difíciles de aceptar (como accidentes devastadores), pero en otras ocasiones por pura perversión del uso de la palabra progreso que entra en contradicción consigo misma, como ejemplo prototipo tenemos presente siempre algunos de los acontecimientos más desgraciados del siglo XX como las guerras, las catástrofes en los que el uso de la tecnología con fines estratégicos bélicos fue demoledor humanamente. En realidad la cuestión que está en liza es una axiología de la ciencia teórica y práctica, que el progreso científico no puede eludir. Estas reflexiones las proponemos en el último capítulo examinando las ciencias descriptivas y de diseño y analizando algunos ejemplos prácticos.

Nota Biográfica

Anna Estany (Balaguer, 1948) es doctora en Filosofía por la Universidad de Barcelona y Master of Arts por la Universidad de Indiana (EE.UU.). Actualmente es catedrática de filosofía de la ciencia en el Departamento de Filosofía de la Universidad Autónoma de Barcelona. Sus líneas de investigación son modelos de cambio científico, enfoque cognitivo en filosofía de la ciencia y de la tecnología y filosofía de las ciencias de diseño. Además de los artículos publicados en revistas de ámbito nacional e internacional, entre los libros más destacados hay que señalar *Modelos de cambio científico* (1990), *Introducción a la filosofía de la ciencia* (1993), *Vida, muerte y resurrección de la conciencia. Análisis filosófico de las revoluciones científicas en la psicología contemporánea* (1999), *La fascinación por el saber* (2001) y junto a David Casacuberta *EUREKA. El trasfondo de un descubrimiento sobre el cáncer y la genética molecular* (2003). Ha sido investigadora principal de proyectos I+D y colaborado en otros de ámbito internacional, fundamentalmente, con el Instituto de Investigaciones Filosóficas de la UNAM. Ultimamente ha trabajado sobre innovación y creatividad como muestran los tres últimos proyectos: "El diseño del espacio en entornos de cognición distribuida: plantillas y 'affordances' Repercusiones para una filosofía de las prácticas científicas" (2008-2011); "Innovación en la práctica científica: enfoques cognitivos y sus consecuencias filosóficas" (2012-2014); y "Creatividad, revoluciones e innovación en los procesos de cambio científico (2015-2017). Es miembro fundador del "Centre d' Estudios de Història de les Ciències" de la Universitat Autònoma de Barcelona. Es miembro del grupo consolidado y financiado por la Generalitat de Catalunya GEHUCT (Grup d'Estudis Humanístics sobre Ciència i Tecnologia).

Rosa M. Herrera nació en Madrid, ciudad en la que cursó sus estudios de Física (UAM). PhD en Física en la Universidad Tor Vergata (Roma). Es miembro del grupo "Pensamiento Matemático" de la UPM y de la European Society for Astronomy in Culture. Desempeña su posición científica en sistemas dinámicos de baja dimensión, mecánica celeste y astrofísica gravitacional, patrocinado por un consorcio internacional europeo financiado por inversores empresariales privados para desarrollos en Astrodinámica, en colaboración académica con una agrupación interuniversitaria italiana. En la actualidad su actividad de investigación se centra en el estudio de la estabilidad de las órbitas en el sistema solar y el cálculo de órbitas de transición; asimismo es asesora científica principal del director del grupo de trabajo español. Está interesada en los sistemas complejos, en creatividad científica, historia de la física-matemática y en simulación computacional. Además de los publicaciones propias de su actividad profesional en revistas especializadas, y de su participación en proyectos colectivos, ha escrito varios libros de carácter divulgativo, algunos de los cuales han sido traducidos a otros idiomas, asimismo colabora en publicaciones periódicas de difusión cultural y científica. Es socia activa de una agrupación de divulgación científica italiana.

REFERENCIAS BIBLIOGRÁFICAS

Acevedo, J.A. (1998), "Tres criterios para diferenciar entre ciencia y tecnología", en Banet, E. y A. de Pro (eds.), *Investigación e Innovación en la Enseñanza de las Ciencias. Vol I.* DM Murcia, 7-16.

Alter, N. (2000), *L'innovation ordinaire*, París, PUF.

Amster, P. y J.P. Pinasco, (2014), *Teoría de juegos. Una introducción matemática a la toma de decisiones*, México, Fondo de Cultura Económica

Andersen, H. (2009), "Unexpected discoveries, graded structures, and the difference between acceptance and neglect", en Meheus, J. y T. Nickles (eds.), *Models of discovery and creativity*, págs. 1-27, Dordrecht, Springer.

Arthur, W.B. (2007) "The structure of invention", *Research Policy*, n° 36: 275-287.

Bailey, J.R. y C.M. Ford, (2003), "Innovation and Evolution in the Domains of Theory and Practice", en Shavinina, L.V. (ed.) (2003), *The international handbook on innovation*, págs. 248-257, Elsevier Science Ltd.

Basdevant, J.-L. (2010), *Le principe de moindre action et les principes variationnels en physique*, Paris, Vuibert.

Bassat, L. (2014), *La creatividad*, Barcelona, Penguin Random House.

Bechtel, W. y R.C. Richardson (1993), *Discovery complexity. Decomposition and localization as strategies in sciencific research*, Princeton, NY, Princeton University Press.

Berlin, B. y P. Kay (1969), *Basic Color Terms: Their Universality and Evolution*, Berkeley, University of California.

Boden, M.A. (1990) *The Creative Mind. Myths and Mechanisms*, Weidenfield and Nicholson, London. Versión castellana de J.A. Álvarez: *La mente creativa. Mitos y mecanismos*, Gedisa, Barcelona, 1994.

Brown, H.I. (2009), "Conceptual comparaison and conceptual innovation", en J. Meheus y T. Nickles (eds.), *Models of discovery and creativity*, págs. 29-41, Dordrecht, Springer.

Burian, R. (2002), "The Dilemma of Case Studies Resolved: On the Usefulness of Historical Case Studies in the Philosophy of Science" en *Yearbook 2002 of the Institute for Advanced Studies on Science, Technology and Society*, págs. 201-219.

Butterfield, H. (1982), *Los orígenes de la ciencia moderna*, Madrid, Taurus.

Carayannis, E.G. (2002), "Is higher order technological learning a firm core competence, how, why and when: A longitudinal, multi-industry study of firm technological learning and market performance, *International Journal of Technovation*, 22: 625-643.

Carayannis, E.G., E. González y J. Wetter (2003), "The Nature and Dynamics of Discontinuous and Disruptive Innovations from a Learning and Knowledge Management Perspective", en Shavinina, L.V. (ed.) (2003), *The international handbook on innovation*, págs. 115-138, Elsevier Science Ltd.
Carevic Johnson, M. (2006), "Creatividad (I)", *Revista psicología*, on line, Santiago de Chile.
Cartwright, N. (1983) *How the Law of Physics Lies*, OUP (UK)
Casacuberta, D., A. Estany (2012) "Contributions of Socially Distributed Cognition to Social Epistemology: The Case of Testimony". *EI DOS*, N° 16, pp: 40-68.
Celleti, A y E. Perozzi (2007), *Ordine e Caos nel Sistema Solare*, Roma, UTET
Chabassier, J. (2012), *Modélisation et simulation d'un piano par modèles physiques*, Manuscript de doctorat de l'École Polytechnique.
Chávez, R.A., A. Graff-Guerrero, J. C. García-Reyna, V. Vaugier y C. Cruz-Fuentes (2004), "Neurobiología de la creatividad: resultados preliminares de un estudio de activación cerebral", *Salud Mental*, vol. 27, núm. 3: 38-46.
Chen, W. (1992), "The laboratory as business: Sir Almroth Wright's vacine programme and the construction of penicillin, en Cunningham, A. y P. Williams (eds.), *The laboratory revolution in medicine*, págs. 245-292, Cambridge, MASS: Cambridge University Press.
Chesbrough, H.W. (2003), "The era of innovation", *MIT Sloan Management Review*, v. 44, n° 3: 34-41.
Clark, A. (2003), *Natural-born cyborgs. Minds, technologies and the future of human inteligence*, Oxford, Oxford University Press.
Coates, J.F. (2003), "Future Innovations in Science and Technology", en Shavinina, L.V. (ed.), *The international handbook on innovation*, págs. 1073-1093, Elsevier Science Ltd.
Cohen, M.D., J.G. March y J.P. Olsen (1972), "A garbage can model of organizational choice", *Administrative Science Quarterly*, 17(1): 1-25.
Cole, M. y Y. Engström (1993), "A cultural-historical approach to distributed cognition", en Salomon, G. (ed.), *Distributed cognitions*, págs. 88–110, Nueva York, Cambridge University Press.
Coloma, D. (2009), "Innovar a través de los lead users", *Cynertia Consulting*, Octubre: 1-4.
Cooper, R. G. (2003), "Profitable Product Innovation: The Critical Success Factors", en Shavinina, L.V. (ed.), *The international handbook on innovation*, págs. 139-157, Elsevier Science Ltd.
Csikszentmihalyi, M. (1996), *Creativity. Flow and the Psychology of Discovery and Invention*, Nueva York, HarperCollins Pub lishers. Versión castellana

de J.P. Tosaus Abadía: *Creatividad. El fluir y la psicología del descubrimiento y la invención*, Paidós, Barcelona, 2006.

Darden, L. (2009), "Discovering mechanisms in molecular biology", Meheus, J. y T. Nickles (eds.), *Models of discovery and creativity*, págs. 43-55, Dordrecht, Springer.

Devaney, R.L. (1986), *An Introduction to Chaotic Dynamical Systems*, Redwood City, CA, Addison-Wesley.

Dietrich, A. (2004), "The cognitive neuroscience of creativity", *Psychonomic Bulletin & Review*, n° 11 (6): 1011-1026.

Donovan, A., L. Laudan y R. Laudan (eds.) (1988), *Scrutinizing Science: Empirical Studies of Scientific Change*, Dordrecht, Kluwer.

Drejer, A. (2002), "Situations for innovation management: Towards a contingency model, *European Journal of Innovation Management*, n° 5 (1): 4-17.

Echeverría, J. (2002), *Ciencia y valores*, Barcelona, Destino.

Echeverría, J. (2003), *La revolución tecnocientífica*, Madrid, FCE.

Echeverría, J. (2008), "El manual de Oslo y la innovación social", *Arbor*, n° 732: 609-618.

Edgerton, D. (2013), *Quoi de neuf? Du rôle des techniques dans l'histoire globale*, Paris, Éditions du Seuil.

Esquivias Serrano, M.T. (2004), "Creatividad : definiciones, antecedentes y aportaciones", *Revista Digital Universitaria*, v. 5, n° 1: 2-17.

Estany, A. (1990), *Modelos de cambio científico*, Barcelona, Crítica.

Estany, A. (1999), *Vida, muerte y resurrección de la conciencia. Analisis filosófico de las revoluciones científicas en la psicología contemporánea*, Barclona, Paidós.

Estany, A. 2001, "Vestajas epistémicas de la cognición socialmente distribuida", *Contrastes*, v. 6: 351-375, Universidad de Málaga

Estany, A. (2005), "Progress and social impact in design sciences", en W. González (ed.), *Science, Technology and Society: A Philosophical Perspective*, A Coruña, Netbiblo.

Estany, A. (2007), "El impacto de las ciencias cognitivas en la filosofía de la ciencia", *Eidos. Revista de Filosofía de la Universidad del Norte* (Baranquilla, Colombia), v. 6: 26-61.

Estany, A. (2012), "The Stabilizing Role of Material Structure in Scientific Practice", *Philosophy Study*, v. 2, n° 6: 398-410, David Publishing Company.

Estany, A. (2013a), "Arqueología: arte, historia, antropología. Análisis filosófico de la génesis y desarrollo de una disciplina", *Kairos. Revista de Filosofia & Ciência*, 6: 27-48.

Estany, A. (2013b), "Interactive Vision and Experimental Traditions: How to Frame the Relationship", *Open Journal of Philosophy*, v. 3, n° 2: 292-301.

Estany, A. y E. G. García A. (2010), "Filosofía de las prácticas experimentales y enseñanza de las ciencias", *Praxis Filosófica*, v. 31: 7-24, Universidad del Valle (Colombia).

Estany, A., V. Camps y M. Izquierdo (editoras e Introducción) (2012), *Error y conocimiento. La gestión de la ignorancia desde la didactología, la ética y la filosofía*, Granada, COMARES.

Estany, A. y S. Martínez (2014), **"Scaffolding" and "Affordance" as integrative concepts in the cognitive sciences"**, *Philosophical Psychology*, v. 27, n° 1: 98–111.

Fauconnier, G. (2001), "Conceptual Integration", en Proceedings del *International Conference on Cognitive Science* ICCS2001 sobre *Emergence and Development of Embodied Cognition*, p. 1.

Fauconnier, G. (2005), "Fusión conceptual y analogía", *Cuadernos de Información y Comunicación*, v. 10: 151-182.

Fauconnier,G. y M. Turner (2002), *The way we think*, Oxford, Basic Books.

Ferreirós, J. (2007), *Labyrinth of Thought a History* Science Networks Historicl Studies, v. 23, Basel, Birkhäuser Verlag AG.

Ferreirós, J. y J.J. Gray (eds.) (2006), *The Architecture of Modern Mathematics (Essays in History and Phylosophies)*, Oxford University Press

Fleck, L. (1986), *La génesis y el desarrollo de un hecho científico. Introducción a la teoría del estilo de pensamiento y del colectivo de pensamiento*, Madrid, Alianza Editorial (1ª edición 1935).

Florida, R. L. y M. Kenney (1990), *The breakthrough illusion: Corporate America's failure to move from innovation to mass production*, Nueva York, Basic Books.

Fraser, M.A. (2009), "Designing business: new models for success", en Lockwood, T. (ed.) *Design thinking. Integrating innovation, custumer experience, and brand value*, págs. 35-45. Nueva York, Allworth Press.

Gaeta, R. (2000), "La justificación del contexto del descubrimiento", en Klimovsky, G. y F.G. Shuster (compiladores) *Descubrimiento y creatividad en la ciencia*, pp: 15-23. Buenos Aires, Eudeba, Universidad de Buenos Aires.

Gaglio, G.(2011), *Sociologie de l'innovation*, París, PUF.

Galison, P. (1987), *How experiments end*, Chicago, University of Chicago Press.

Gallese, V. (2000), "The Inner Sense of Action. Agency and Motor Representations", *Journal of Consciousness Studies*, v.7, n°. 10: 23–40.

Gamow, G. (2007), *Biografía de la física*, Madrid, Alianza editorial

Georgsdottir, A.S., T. I. Lubart y I. Getz (2003), "The Role of Flexibility in Innovation", en Shavinina, L.V. (ed.) *The international handbook on innovation*, págs. 180-190, Elsevier Science Ltd.

Giere, R. (1992), (compilador) *Cognitive models of science*, Minneapolis, University of Minnesota Press.

Gillies, D. (2014), "Technological Origins of the Einsteinian Revolution", *Philosophy & Technology*, Febrero: 1-30.

Glass, E. (2009), "On the role of thought-experiments in mathematical discovery", en Meheus, J. y T. Nickles (eds.) *Models of discovery and creativity*, págs. 57-64, Dordrecht, Springer.

Gobé, M. (2009), "Let's brandjam to humanize our brands", en Lockwood, T. (ed.) *Design thinking. Integrating innovation, custumer experience, and brand value*, págs. 109-120, Nueva York, Allworth Press.

Goldman, A. I. (1986), *Epistemology and cognition*, Cambridge (MA), Harvard University Press.

Goldman, A. I. (1999), *Knowledge in a social world*, Oxford, Oxford University Press.

Goldman, A. I. (2004), "Group knowledge versus group rationality: two approaches to social epistemology", *Episteme, A Journal of Social Epistemology*, v.1: 11-22.

González, W. J. (ed), (2007), *Las Ciencias de Diseño: Racionalidad limitada, predicción y prescripción*, A Coruña, Netbiblo.

Gooding, D., T.J. Pinch, y S. Schaffer (1989), *The uses of experiment*, Cambridge, Cambridge University Press.

Gray, J. (2013), *Henri Poincaré A Scientific Biography*, Princeton (New Jersey) [HPSB], Princeton University Press,

Greenberg, J.D. y G.J. Dickelman (2000), "Distributed Cognition: A Foundation for Performance Support", *Performance Improvement*, Julio: 18-24.

Gribbin, J., (2003), *Historia de la ciencia 1543-2001*, Barcelona, Crítica.

Gruber, H. E. (1984), *Darwin sobre el hombre.Un estudio psicológico de la creatividad científica*, Madrid, Alianza Editorial.

Gutting, G. (1980), "The logic of invention", en Nickles, T. (compilador) *Scientific discovery, logic and rationality*, págs. 221-234, Reidel Publishing Company.

Hacking, I. (1996), *Representar e Intervenir*, México, Editorial Paidos/ UNAM.

Hafstrom, W. O. (1965), *The scientific community*, Nueva York, Basic Books.

Hanson, N.R. (1985), *Patrones de descubrimiento. Observación y explicación*, Madrid, Alianza Editorial.

Haugeland, J. (1985), *Artificial Intelligence: The Very Idea*, Cambridge, Mit Press.

Hempel, C. (1983), "Valuation and objectivity in science", en Cohen, R.S. y L. Laudan (eds.) *Physics, Philosophy and Psychoanalysis*, págs. 73-100. Boston, Reidel Publishing Company.
Herrera, R.M. (2011), "Evangelista Torricelli and Astronomy", proceedings SEAC, Évora.
Herrera, R.M. (2012), "El sólido hiperbólico agudo", *Pensamiento Matemático*, Madrid, UPM.
Herrera, R.M. (2012a), "Equations, Theories and Sciences that use them", *Actas congreso Mathematics everywhere*, Castro Urdiales, pp 22-38. [ETS]
Herrera, R.M. (2012b), "Historia del experimento barométrico", *Pensamiento Matemático*, n° 2: 1-14.
Herrera, R.M. (2012c) "Órbitas periódicas en el Sistema Solar" *Neomenia*, n° 38: 1-12, Madrid, aam.
Herrera, R.M. (2012d) "Resonancias en el sistema solar", *Neomenia*, n° 40: 3-°1, Madrid.
Herrera, R.M. (2013) "A propósito de la estabilidad dinámica del Sistema Solar" *Neomenia*, n° 45: 9-13, Madrid.
Herrera, R.M. (2013) "La simulación como elemento innovador en el métdoa innovador en el método científico. Un ejemplo en Astrodinámica", RIA *Revista iberoamericana de argumentación*, n° 7: 1-14, Madrid, UNED.
Herrera, R.M. (2014), "Características mecánicas del Sistema Solar" *Neomenia*, n° 49: 4-14, Madrid.
Hidalgo, C. (2000), "Epistemología y generación de hipótesis científicas", en Klimovsky, G. y F.G. Shuster (compiladores), *Descubrimiento y creatividad en la ciencia*, págs. 25-40, Buenos Aires, Eudeba, Universidad de Buenos Aires.
Hindle, B. y S.D.Lubar (1986), *Engines of change: The American industrial revolution, 1790-1860*. Washington, DC, Smithsonian Institution Press.
Holmes, F.L. (2009), "Experimental systems, investigative pathways, and the nature of discovery", en Meheus, J. y T. Nickles (eds.) *Models of discovery and creativity*, págs. 65-79, Dordrecht, Springer.
Holton, G. (1983), *La imaginación científica*, México, Fondo de Cultura Económica (1ª ed. inglés, 1973),
Holton, G. y S.G. Brush (1988), *Introducción a los conceptos y teorías de las ciencias físicas*, Barcelona Reverté (2ª ed.), (ed. original *Introduction to Concepts and Theories in Physical Science*, Second Edition).
Höttecke, D, y F. Rieß (2009), "Developing and Implementing Case Studies for Teaching Science with History and Philosophy. Framework and Critical Perspectives on "HIPST"- a European Approach for the Inclusion of History and Philosophy in Science Teaching". Artículo

presentado en la Tenth International History, Philosophy, and Science Teaching Group Biennial Conference, South Bend, USA, June 24-28.

Howaldt, von J. y M. Schwarz (2010), *Social Innovation: Concepts, Research Fields and International Trends*, Studies for Innovation in a Modern Working Environment–International Monitoring, v. 5. Sozialforschungsstelle Dortmund ZWE der TU-Dortmund.

Hutchins, E. (1995), *Cognition in the wild*, Cambridge (MA), The MIT Press.

Hutchins, E. (2005), "Material anchors for conceptual blends", *Journal of Pragmatics* 37: 1555-1577.

Hutchins, E. y M. Alac (2004), "I see what you are saying: Action as cognition in fMRI brain mapping practice", *Journal of Cognition and Culture*, v. 4, n. 3: 629-661.

Hutchins, E. y T. Klausen (1996), "Distributed cognition in an airline cockpit", en Engeström, Y. y D.Middleton, (eds.), *Cognition and communication at work*, págs. 15-34, Cambridge, UK, Cambridge University Press.

Hutchins, E. y T. Klausen (2000), "Distributed Cognition in an Airline Cockpit", Research support was provided by grant NCC 2-591 to Donald Norman and Edwin Hutchins from the Ames Research Center of the National Aeronautics and Space Administration in the Aviation Safety/Automation Program. Everett Palmer served as technical monitor, Additional support for Tove Klausen was provided by the Danish government, págs. 19-23.

Irwin, A. R. (2000), "Historical Case Studies: Teaching the Nature of Science in Context", *Science Education*, 84 (1): 5-26.

Israel, G. (2002) *Modelli matematici.Introduzione alla matematica applicata*, Franco Muzzio Editore, Roma, p. 72.

Jeannerod, M. (2006), *Motor cognition. What actions tell the self*, Oxford, Oxford University Press.

Kac, M. y S. Ulam (1992), *Mathematics and Logic*, Nueva York, Dover Publications.

Kaufmann, G. (2003), "The effect of mood on creativity in the innovative process", en Shavinina, L.V. (ed.) *The international handbook on innovation*, págs. 191-203, Elsevier Science Ltd.

Kitcher, P. (1993), *The advancement of science*, Oxford, Oxford University Press.

Kleiber, G. (1995), *La semántica de los prototipos. Categoría y sentido léxico*, Madrid, Visor Libros, S.L.

Kleiner, S.A. (2009), "Abduction as a heuristic constraint", en Meheus, J. y T. Nickles (eds.) *Models of discovery and creativity*, págs. 81-93. Dordrecht, Springer.

Klimovsky, G. F.G. Shuster, (compiladores) (2000), *Descubrimiento y creatividad en la ciencia*, Buenos Aires, Eudeba, Universidad de Buenos Aires.

Kotarbinski, T. (1962), "Praxiological sentences and how they are proved", en Nagel, E., P.Suppes y Tarski, A. (eds) *Logic, Methodology and Philosophy . Proceedings of the 1960 International Congress.*

Kotarbinski, T. (1965), *Praxiology. An introduction to the science of efficient action*, Nueva York, Pergamon Press.

Koyré, A. (1968), *Études newtoniennes*, Paris, Editions Gallimard.

Koyré, A. (1980), *Estudios galileanos*, Madrid, Siglo XXI Editores (ed. original *Études galiléennes*, 1966).

Koyré, A. (1983), *Estudios de historia del pensamiento científico*, Madrid, siglo XXI editores (ed. original *Études d'histoire de la pensée scientifique*, 1973),

Kragh, H. (2008), *Historia de la cosmología*, Barcelona, Crítica.

Kranzberg, M. (1967), "The unity of science-technology", *American Scientist*, 55,1: 48-66.

Kranzberg, M. (1968), "The disunity of science-technology", *American Scientist*, 56,1: 21-34.

Kuhn, T. (1962), *La estructura de las revoluciones científicas*, México, Fondo de Cultura Económica.

Kuhn, T. (1977), "Objectivity, value, judgement and theory choice", en Kuhn, T. (1977) *The essential tension*, Chicago, Chicago University Press.

Lagrange, J.L. (1806), *Leçons sur le calcul des fonctions*, Chez Courcier (Paris) edición digital ECHO –sources Rare Books from the Giusti Private Collection [LCF].

Lakatos, I. (1983), *La metodología de los programas de investigación científica*, Madrid, Alianza Editorial.

Laskar, J. y M. Gastineay (2009), "Existence of collisional trajectories of Mercury, Marte, Venus with the Earth", *Nature*, letters, v. 459, [ECTMMVE].

Latour, B y S. Woolgar (1986), *Laboratory life: The construction of scientific facts*, Princeton, Princeton University Press.

Laudan, L. (1977), *Progress and it Problems: Towads a Theory of Scientific Growth*, Berkeley/Los Angeles, University of California Press.

Laudan, L. (1980), "Why was the Logic of Discovery Abandoned?", en Nickles, T. (1980) (compilador) *Scientific discovery, logic and rationality*,

Boston Studies in the Philosophy of Science, v. 56, pp 173-183, Reidel Publishing Company.
Laudan, L. (1984), *Science and values. The aims of science and their role in scientific debate*, Berkeley, University of California Press.
Laudan, L. (1986), *El progreso y sus problemas. Hacia una teoría del progreso científico*, Madrid, Ed. Encuentro.
Laudan, L. (1998), "Naturalismo normativo y el progreso de la filosofía", en Wenceslao González (ed.), *El pensamiento de L. Laudan. Relaciones entre historia de la ciencia y filosofía de la ciencia*, págs. 105–116, La Coruña, Universidad de la Coruña.
Lave, J. (1988) *Cognition in Practice: Mind, mathematics, and culture in everyday life*. Cambridge, UK, Cambridge University Press.
Lave, J. (1988), *Cognition in Practice: Mind, mathematics, and culture in everyday life*, Cambridge, UK, Cambridge University Press.
Lemons, D.S. (1997), *Perfect Form. Variational Principles, Methods, and Applications in Elemenatry Physics*, Princeton, Princeton University Press.
Levi, M. (2012), *The mathematical mechanic*, Princeton, NJ, Princeton University Press,
Lions, J.L.(1990), *El planeta Tierra. El papel de las matemáticas y los superordenadores*, Madrid, Instituto de España, Espasa-Calpe.
Lockwood, T. (ed.) (2009), *Design thinking. Integrating innovation, custumer experience, and brand value*. Nueva York, Allworth Press.
Machamer, P., Craver, L. & Darden, C.F. (2000) "Thinking about mechanisms". *Philosophy of Science*, 67:1-25.
Magnani, L. (2009), "Creative abduction and hypothesis withdrawal", en Meheus, J. y T. Nickles (eds.) *Models of discovery and creativity*, págs. 95-125, Dordrecht, Springer.
Malinvaud, E. (1964), *Méthodes statisques de l'économetrie*, Paris, Dunod.
Marinova, D. y J. Phillimore (2003), "Models of Innovation", en Shavinina, L.V. (ed.) *The international handbook on innovation*, págs. 44-53, Elsevier Science Ltd.
Martin-Robine , F. (2009), *Histoire du principe de moindre action : Trois siècles de principes variationnels de Fermat à Feynman*, Paris, Vuibert.
Martínez-Freire, P. (2007), *La importancia del conocimiento. Filosofía y ciencias cognitivas*, A Coruña, Netbiblo.
Martínez, S.M. (2003), *Geografía de las prácticas científicas*, Ciudad de México, UNAM.
McCrory, R. J. (1974), "The design method-A scientific approach to valid design", en Rapp, F. (ed.) *Contributions to a Philosophy of Technology*, págs. 158-173, Dordrecht (Holland), D. Reidel.

Mckinney, J. C. (1968), *Tipología constructiva y teoría social*, Buenos Aires, Amorrortu.
Meheus, J. y T. Nickles, (eds.) (2009), *Models of discovery and creativity*, Dordrecht, Springer.
Merton, R.K. (1973), *The sociology of science*, Chicago, University of Chicago Press.
Milani, A. y G. Gronchi (2010), *Theory of Orbit Determination*, Cambridge University Pres.
Model(s) of Local Innovation", *Urban Studies*, 42 (11), págs. 1669-1990.
Mitchell, M. (2009), *Complexity a guided tour*, Nueva York, Oxford University Press.
Moulaert, F., F. Martinelli, E. Swyngedouw y S . González, (2005), "Towards Alternative model(s) of Local Innovation", *Urban Studies*, 42 (11), págs. 1669-1990.
Nardi, B.A. (1995), "Studying context: A comparison of activity theory, situated action models, and distributed cognition", en Nardi, B.A. (ed.), *Context and consciousness: Activity theory and human-computer interaction*, págs. 35-52, Cambridge, The MIT Press.
Nardi, B.A. (1998), "Concepts of cognition and consciousness: Four voices.", *Journal of Computer Documentation*, 22, 31-48.
Nersessian, N. (2009), "Conceptual change: creativity, cognition, and culture", en Meheus, J. y Nickles, T. (eds.) *Models of discovery and creativity*, págs. 127-165, Dordrecht, Springer.
Nickles, T. (1980), (compilador) *Scientific discovery, logic and rationality*, Boston Studies in the Philosophy of Science, v. 56, Reidel Publishing Company.
Nickles, T. (2003), "Evolutionary models of innovation and the Meno problem", en Shavinina, L.V. (ed.) *The international handbook on innovation*, págs. 54-78, Elsevier Science Ltd.
Nickles, T. (2009), "The strange story of scientific method", en Meheus, J. y T. Nickles (eds.) *Models of discovery and creativit*, Dordrecht, Springer.
Niiniluoto, I. (1993), "The aim and structure of applied research", *Erkenntnis*, 38:1-21.
Newton-Smith, W.H. (1987), *La racionalidad de la ciencia*, Buenos Aires, Paidós.
Norman, D.A. (2004), *Emotional design. Why we love (or hate) everyday things*, Nueva York, Basic Books.
Norman, D.A. y S.W. Draper, (eds.) (1986), *User centered system design. New perspectives on human-computer interaction*, Hillsdale (NJ), Erlbaum.

Norman, D. (1993), *Things that make us smart: Defending human attributes in the age of the machine*, Reading, MA, Addison-Wesley.
Ordóñez, J. y J. Ferreirós, (2002), "Hacia una filosofía de la experimentación", *Critica, Revista hispanoamericana de filosofía*, v. 34, n°102: 47-86.
Papanek, V. (1976), *Design for the real world. Human ecology and social change*, Nueva York, Pantheon Books.
Ortega, R. (2013), "¿Hay caos en la calculadora?", *Materials Matematics*, v. 2013: 1-22, www.Mat.uab.cat/matmat.
Ortega, R. (2013), *Modelos matemáticos*, Granada, Universidad de Granada.
Ortega, R. y Ureña, A (2010), *Introducción a la mecánica celeste*, Granada, Universidad de Granada.
Pea, R. (1993), "Practices of distributed intelligence and designs for education", en Salomon, G. (ed.), *Distributed cognitions*, págs. 47–87, Nueva York, Cambridge University Press.
Perkins, R. (1993), "Person-plus: A distributed view of thinking and learning", en Salomon, G. (ed.), *Distributed cognitions*, págs. 88-110, Nueva York, Cambridge University Press.
Peschl, M.F. y T. Fundneider, (2008), "Emergent Innovation and Sustainable Knowledge Co-creation. A Socio-Epistemological Approach to \Innovation from within", en Lytras, M.D., J.M. Carroll y E. Damiani (eds.), *The Open Knowledge Society: A Computer Science and Information Systems Manifesto*, págs. 101–108, Nueva York, Berlin, Heidelberg, Springer.
Pickering, A.(1995), *The mangle of practice*, Chicago, The University of Chicago Press.
Pitt, J.C. (2001), "The Dilemma of Case Studies: Toward a Heraclitian Philosophy of Science", en *Perspectives on science*, v. 9, n° 4: 373-382.
Poincaré, H. (1899), *Les méthodes nouvelles de la mécanique céleste*, París, Gauthier Villars et fils.
Poincaré, H. (1908), "L'invention mathématique", Enseignement Mathématique), n° 10: 357-71.
Poincaré, H. (2007), *Le valeur de la science*, París, Flammarion.
Popper, K.R. (1962), *La lógica de la investigación científica*, Madrid, Tecnos.
Provost, J.P. y G. Vallée (2011), *Les maths en physique (La physique à travers le filtre des mathématiques*, París, DUNOD.
Puche Navarro, R. (1997), "Mente/ Creativa/ Mente/ Investigativa/ Mente", *Nómadas*, n° 7: 9-19.
Quintanilla, M.A. (2005), *Tecnología: un enfoque filosófico y otros ensayos de filosofía de la tecnología*, Madrid, FCE.
Reichenbach, H. (1951), *The rise of scientific philosophy*, Berkeley, CA, University of California Press.

Renzulli, J.S. (2003), "Three-Ring Conception of Giftedness: Its Implications for Understanding the Nature of Innovation", en Shavinina, L.V. (ed.) *The international handbook on innovation*, págs. 79-96, Elsevier Science Ltd.
Rheinberger, Hans-Jörg (1997), *Toward a History of Epistemic Things. Synthesizing Proteins in the Test Tube*, Stanford University Press.
Rickards, T. (2003), "The Future of Innovation Research", en Shavinina, L.V. (ed.) *The international handbook on innovation*, págs. 1094-1100, Elsevier Science Ltd.
Rizzolatti, G. y V. Sinigaglia (2006), *Mirrors in the brain: How Our Minds Share Actions, Emotions, and Experience*, Oxford, Oxford University Press.
Roberts, E.B. (1988), "Managing invention and innovation", *Research-Technology Management*, (Jan-Feb: 11-29).
Roberts, E.B. (2003), *Diffusion of innovation*, Nueva York, The Free Press, 1ª edición 1962.
Robledo, M.B.E., F. Sánchez Fuente y E. Cilleruelo Carrasco (2010), "Análisis de la metodología Lead Users Research: Aplicabilidad en contextos de innovación abierta", *4th International Conference on Industrial Engineering and Industrial Management XIV Congreso de Ingeniería de Organización*, Donostia-San Sebastián.
Rogers, E.M. y R. Agarwala-Rogers (1980), *La comunicación en las organizaciones*, México, McGraw-Hill, (1ª edición 1976).
Rogers, E.M. y F.F. Shoemaker (1974), *La comunicación de innovaciones. Un enfoque transcultural*, México, Herrero Hermanos.
Roll-Hansen, N. (2000) "Why the distinction between basic (theoretical) and applied (practical) research is important in the politics of science". The London School of Economics and Political Science.
Roll-Hansen, N. (2009), "Why the distinction between basic (theoretical) and applied (practical) research is important in the politics of science", Informe técnico (London School of Economics and Political Science. Centre for the Philosophy of the Natural and Social Sciences, n° 04/09.
Root-Bernstein, R. (2003), "Problem generation and innovation", en Shavinina, L.V. (ed.) *The international handbook on innovation*, págs. 31-43, Elsevier Science Ltd.
Rosch, E. (1973), "Natural categories", *Cognitive Psychology*, 4: 328-350.
Rosch, E., Mervis, C. B. et al. (1976), "Basic objects in natural categories", *Cognitive Psychology*, n° 8: 382-439.
Salomon, G. (1993), *Distributed Cognitions: Psychological and Educational Considerations*, Cambridge, Cambridge University Press.

Sanchez Manzano, E. (1990), "Imaginación creativa y personalidad: estudio experimental sobre las relaciones de la creatividad y la introversión-extraversión", *Revista Complutense de Educacion*, v. 1 (1): 121-135.

Santaella, M. (2006), "La evaluación de la creatividad", *SAPIENS*, v. 7, n° 2: 89-106.

Schiller, C. (2014), *Motion Mountain* http://motionmountain.net/

Shavinina, L.V. (ed.) (2003), *The international handbook on innovation*, Elsevier Science Ltd.

Shavinina, L.V. y K. L. Seeratan (2003), "On the Nature of Individual Innovation", en Shavinina, L.V. (ed.) *The international handbook on innovation*, págs. 31-43, Elsevier Science Ltd.

Suchman, L. (1987), *Plans and Situated Actions*, Cambridge, Cambridge University Press.

Simon, H. (1996), (3ª edición), *The science of the artificial*, Cambridge, Mass., MIT, (1ª edición 1969).

Simonton, D.K. (1997), "Creative Productivity: A Predictive and Explanatory Model of Career Trajectories and Landmarks", *Psychological Review*, v. 104, n° 1: 66-89.

Sintonen, M. (2009), "Tradition and innovation: exploring and transforming conceptual structures", en Meheus, J. y T. Nickles (eds.) *Models of discovery and creativity*, págs. 209-221, Dordrecht, Springer.

Stan, J. (2012), *Les 100 inventions les plus marquantes*, París, Editions ESI.

Sternberg, J., J.E. Pretz y J.C. Kaufman (2003), "Types of Innovations", en Shavinina, L.V. (ed.) *The international handbook on innovation*, págs. 158-169, Elsevier Science Ltd.

Stillwell, J. (2010), *Mathematics and Its History* (3° ed.), Nueva York, Springer

Suchman, L. (1987), *Plans and Situated Actions*, Cambridge, Cambridge University Press.

Sundbo, J. (2003), "Innovation and Strategic Reflexivity", en Shavinina, L.V. (ed.) *The international handbook on innovation*, págs. 97-114, Elsevier Science Ltd.

Tisserand, F. (1868), *Exposition, d'après les principes de Jacobi, de la méthode suivie par M. Delaunay dans sa Théorie du Mouvement de la Lune autor de la Terre ; extensión de la Méthode* (Thèses pour obtenir le grade de docteur ès sciences mathèmatiques) Gauthier-Villars (Paris)

Toncelli, R. (2013), *Le Rôle des príncipes dans la construction des théories relativistes de Poincaré et Einstein*, París, Connaisances et Savoirs

Toulmin, S. (1977), *La comprensión humana. I. El uso colectivo y la evolución de los conceptos*, Madrid, Alianza Editorial.

Toulmin, S. y J. Goodfield (1990), reeimpresión de la edición 1968 *El descubrimiento del tiempo*, Barcelona, Paidós (ed. inglesa, *The Discovery of Time*, 1966)

Tozzi, M.V. (2000), "Descubrimiento y racionalidad: de la ciencia como producto a la ciencia como actividad", en Klimovsky, G. y F.G. Shuster (compiladores) D*escubrimiento y creatividad en la ciencia*, págs. 63-75, Buenos Aires, Eudeba, Universidad de Buenos Aires.

Truesdell, C. (1975), *Ensayos de historia de la mecánica*, Madrid, Tecnos (ed. original *Essays in the History of Mechanics*, 1968).

Van Fraassen, B. (1980), *The scientific image*, Oxford, Oxford University Press.

Van Gelder, T. (1995) "What might cognition be if not computation". *The Journal of Philosophy*, Vol. 92, No. 7, págs. 345-381.

Vandervert, L. R. (2003), "The Neurophysiological Basis of Innovation", en Shavinina, L.V. (ed.) *The international handbook on innovation*, págs. 1103-1112, Elsevier Science Ltd.

Verhulst, F. (2010), *Henri Poincaré (Impatient Genius)*, Nueva York, Springer.

Vogel, C.M. (2009). "Notes on the evolution of desigh thinking: A work in progress", en Lockwood, T. (ed.) *Design thinking. Integrating innovation, custumer experience, and brand value*, págs. 3-14, Nueva York, Allworth Press.

von Hippel E. (1988), *The Sources of Innovation*, Oxford, UK, Oxford University Press.

von Hippel E.(2001), "Perspective: User Toolkits for Innovation", *Journal of Product Innovation Management*, n° 1: 247-257.

von Hippel, E. (2005), *Democratizing Innovation*, Cambridge, Mass., MIT Press.

Weisberg, R.W. (1989), *Creatividad. El genio y otros mitos*, Barcelona, Labor (ed. original Creativity. Genius and other myths, 1986).

Weisberg, R.W. (2003), "Case studies of innovation: ordinary thinking, extraordinary outcomes", en Shavinina, L.V. (ed.) *The international handbook on innovation*, págs. 204- 247, Elsevier Science Ltd.

Werner, P. (2009), "A purposeful Alliance in the service of creative research", en Meheus, J. y T. Nickles (eds.) *Models of discovery and creativity*, págs. 223-23, Dordrecht, Springer.

Wolfram, S. (2002), *A New Kind of Science*, Wolfram Media, www.wolframmedia.com.

Zhang, J. (1997), "The nature of external representations in problem solving", *Cognitive science* 21 (2): 179-217.

Zhang, J. y D.A. Norman (1994), "Representations in Distributed Cognitive Tasks", *Cognitive Science,* 18: 87-122.

Zhang, J. y V.L. Patel, (2006), "Distributed cognition, representation, and affordance", *Pragmatics & Cognition* 14:2: 333–334.

www.ingramcontent.com/pod-product-compliance
Lightning Source LLC
Chambersburg PA
CBHW071159160426
43196CB00011B/2135